混凝土结构平法识图

主　编　齐亚丽

副主编　杨　帆　邢　彤　马文姝

参　编　王婷婷　张光辉　邓骁男　邵明亮

主　审　胡新赞

北京理工大学出版社
BEIJING INSTITUTE OF TECHNOLOGY PRESS

内 容 提 要

本书围绕造价员、施工员、技术员等岗位群需求，拆分工作项目、项目中关键工作任务及工作任务中需掌握的岗位能力，据此以平法识图与钢筋工程量计算为中心，设计项目化案例，从平法识图与计量通用认知，基础、柱、墙、梁、板、楼梯的制图规则、钢筋构造和钢筋工程量计算7个境境，12个工作任务，30个能力模块进行讲解。其中每个情境以工作情境引入，每个情境包含学习目标、工作任务、知识拓展、思政小贴士、思考训练及评价反馈，让学生通过学—练—测—评完成全过程学习。每个工作任务包含任务要求、工作准备、引导问题、预习视频及能力培养，老师利用翻转课堂形式进行授课。每个能力模块包含专业能力培养及教学任务实施，以理实一体形式锻炼学生专业能力。

本书可作为高等院校土木工程类相关专业的教材和教学参考书，也可供从事土木建筑设计和施工的人员参考使用。

图书在版编目（CIP）数据

混凝土结构平法识图 / 齐亚丽主编. -- 北京：北
京理工大学出版社，2024.1
　　ISBN 978-7-5763-2534-8

　　Ⅰ.①混… Ⅱ.①齐… Ⅲ.①混凝土结构－建筑制图
－识图 Ⅳ.①TU37

中国国家版本馆CIP数据核字（2023）第117800号

责任编辑：钟　博		文案编辑：钟　博	
责任校对：周瑞红		责任印制：王美丽	

出版发行 / 北京理工大学出版社有限责任公司
社　　址 / 北京市丰台区四合庄路 6 号
邮　　编 / 100070
电　　话 / (010) 68914026（教材售后服务热线）
　　　　　　　(010) 68944437（课件资源服务热线）
网　　址 / http：//www.bitpress.com.cn

版 印 次 / 2024 年 1 月第 1 版第 1 次印刷
印　　刷 / 河北鑫彩博图印刷有限公司
开　　本 / 787 mm×1092 mm　1/16
印　　张 / 13.5
字　　数 / 299 千字
定　　价 / 89.00 元

前　言

施工图识读与审核技能是建设行业领域的核心岗位能力，能够正确识读平法结构施工图是建筑施工人员、工程造价人员、工程管理人员必备的岗位技能。本书是以国家建筑标准设计图集《混凝土结构施工图平面整体表示方法制图规则和构造详图》（22G101）系列为依据，以混凝土结构实际工程施工图纸为载体，按照高等职业教育土建类相关专业适应新形势下建筑业信息化建设等行业发展的需求而编写的活页式教材。全书理论与工程实例相结合，教学与实践任务相结合，以工作岗位胜任力为结果导向编制，目的是满足当前形势下高校培养高素质技术技能型建筑专业人才的教学实际需要。

本书内容融入建筑行业技术员、施工员、造价员等岗位群需求，对接企业职业标准，对接工程建设过程，对接岗位工作任务，系统讲授平法识图与计量通用认知；基础、柱、墙、梁、板、楼梯的制图规则、钢筋构造和钢筋工程量计算，其中各种钢筋按中轴线长度计算。本书共设置7个情境、12个工作任务、30个能力模块，有机融入了"1+X"建筑工程识图职业技能等级证书考核内容，同时注重职业理想、职业道德与职业精神的培养，厚植爱国情怀，强化岗位技能，培育大国工匠。

本书具有以下特点。

1. 以真实工程项目为载体，培养岗位能力

本书以课证融通为原则，在书中有机融入"1+X"职业技能等级证书的考核内容，以岗位真实任务为驱动，以岗位技能训练为基础，展开项目训练。将课程内容重构为平法识图与计量通用认知、基础平法识图与计量、柱平法识图与计量、墙平法识图与计量、梁平法识图与计量、板平法识图与计量、楼梯平法识图与计量7个情境，将每个情境优化成基于工作过程培养岗位能力的模式，以工作情境引入，采用导学—学习—任务实施的学习流程，能够适应、满足不同层次学生的学习需求，重点培养学生识图和算量的综合岗位能力。

2. 以信息化教学资源为支撑，提高学习效率

平法识图的难点在于复杂的钢筋构造，教师在授课时只用语言描述钢筋的排布，对于初学者来说很难理解。本书理论部分采用全彩三维钢筋构造图和基于二维码技术的教学资源，将22G101系列图集中的平面图进行立体化的展示，使枯燥难懂的钢筋构造知识学习起来更直观、更生动、更有趣，符合学生的认知特点，提高学习效率，强化学习效果。

3.以课程思政为抓手，发挥育人效果

充分挖掘平法识图的思政元素教育点，将课程思政融入教学活动，守好渠，种好田。让学生通过专业课程的学习，掌握事物发展规律，丰富学识，塑造品格，提高学生正确认识问题、分析问题和解决问题的能力，培养学生探索未知、追求真理的责任感和使命感，培养学生精益求精的大国工匠精神，激发学生科技报国的家国情怀和使命担当，传承鲁班文化，培育工匠精神。充分发挥平法识图课程的育人效果，全面提高人才培养质量。

本书由吉林工程职业学院齐亚丽担任主编，一砖一瓦科技有限公司杨帆、吉林工程职业学院邢彤、马文姝担任副主编，一砖一瓦科技有限公司王婷婷、张光辉，吉林工程职业学院邓骁男，长春国信装配式建筑发展有限公司邵明亮参与编写。具体编写分工为：齐亚丽编写情境2、情境3和团体任务实施部分，杨帆、邓骁男共同编写情境7，邢彤编写情境4，马文姝编写情境1和情境6，王婷婷、张光辉共同编写情境5；邵明亮提供部分案例并负责全书资料整理。原创三维模型、动画等数字化资源由一砖一瓦科技有限公司设计、齐亚丽审核，一砖一瓦科技有限公司制作完成，全书由浙江江南工程管理股份有限公司胡新赞主审。

本书可以用作职业教育土建类专业平法识图类课程教材，也可用作从事建筑施工类、工程咨询类、工程监理类、房地产开发类等企业在职人员以及有意从事建筑工程相关工作人员的岗位技能培训及学习教材。

本书的编写是基于国家标准图集、建设标准、规范及一些公开出版和发表的文献，一砖一瓦科技有限公司为本书提供信息化技术支撑，在此一并表示衷心的感谢！

由于编者水平有限，对规范和图集的学习和理解有限，书中难免有不足和疏漏之处，欢迎广大读者批评指正。

编　者

教材思政教学方案

本书从岗位技能出发，针对工程造价岗位中钢筋计量相关工作项目，拆分重点工作任务，并分析各任务需具备的职业能力，任务及能力拆解见表1。

根据拆分的职业能力确定本书的知识目标、能力目标及综合素质目标，目标清单见表2。

结合职业能力和目标，本书的思政元素以"坚持认真学习、坚持以人为本、提倡团结协作、积极进取"为目标。以"引例—问题引导—任务学习及实施—训练—评价"整体流程讲授，将知识传递给读者。思政元素见表3。

表 1　职业能力分析

工作项目	工作任务	职业能力
A01 平法识图与计量通用认知	A0101 结构施工图基本认知	A010101 建筑结构分类
		A010102 施工图的分类及其内容
		A010103 建筑结构抗震基本认知
	A0102 平法基本认知	A010201 平法的认知
	A0103 钢筋计量通用认知	A010301 混凝土基本知识
		A010302 钢筋的种类
		A010303 钢筋的标注方式
		A010304 钢筋的计算
A02 基础平法识图与计量	A0201 基础基本认知	A020101 基础的分类
	A0202 独立基础平法识图与计量	A020201 独立基础平法识图
		A020202 基础钢筋构造的选择和应用
		A020203 独立基础计量
	A0203 条形基础平法识图与计量	A020301 条形基础平法识图
		A020302 条形基础钢筋构造的选择和应用
		A020303 条形基础计量
	A0204 筏形基础识图与钢筋构造的选择和应用	A020401 筏形基础平法识图
		A020402 筏形基础钢筋构造的选择和应用
	A0205 桩承台基础识图与钢筋构造的选择和应用	A020501 桩承台基础平法识图
		A020502 桩承台基础钢筋构造的选择和应用
A03 柱平法识图与计量	A0301 柱基本认知	A030101 柱的分类
	A0302 框架柱平法识图与计量	A030201 框架柱平法识图
		A030202 框架柱钢筋构造的选择和应用
		A030203 框架柱计量

工作项目	工作任务	职业能力
A04 墙平法识图与计量	A0401 剪力墙基本认知	A040101 剪力墙的组成
	A0402 剪力墙平法识图与计量	A040201 剪力墙平法识图
		A040202 剪力墙钢筋构造的选择和应用
		A040203 剪力墙计量
	A0403 连梁平法识图与计量	A040301 连梁平法识图
		A040302 连梁钢筋构造的选择和应用
	A0404 端柱平法识图与计量	A040401 端柱平法识图
		A040402 端柱钢筋构造的选择和应用
	A0405 暗柱平法识图与钢筋构造的选择和应用	A040501 暗柱平法识图
		A040502 暗柱钢筋构造的选择和应用
A05 梁平法识图与计量	A0501 梁基本认知	A050101 梁的分类
	A0502 楼层框架梁平法识图与计量	A050201 楼层框架梁平法施工图识图
		A050202 楼层框架梁钢筋构造的选择和应用
		A050203 楼层框架梁计量
	A0503 非框架梁计量	A050301 非框架梁钢筋构造的选择和应用
		A050302 非框架梁计量
	A0504 屋面框架梁平法识图与钢筋构造的选择和应用	A050401 屋面框架梁平法施工图识图
		A050402 屋面框架梁钢筋构造的选择和应用
	A0505 框架扁梁平法识图与钢筋构造的选择和应用	A050501 框架扁梁平法施工图识图
		A050502 框架扁梁钢筋构造的选择和应用
A06 板平法识图与计量	A0601 板基本认知	A060101 板的分类
	A0602 有梁楼盖板平法识图与计量	A060201 有梁楼盖板平法识图
		A060202 有梁楼盖板钢筋构造的选择和应用
		A060203 有梁楼盖板计量
	A0603 无梁楼盖板平法识图与钢筋构造的选择和应用	A060301 无梁楼盖板平法识图
		A060302 无梁楼盖板钢筋构造的选择和应用
A07 楼梯平法识图与计量	A0701 楼梯基本认知	A070101 楼梯的分类
	A0702 AT型楼梯平法识图与计量	A070201 AT型楼梯平法施工图识图
		A070202 AT型楼梯钢筋构造的选择和应用
		A070203 AT型楼梯计量
	A0703 BT、CT、DT型楼梯平法识图与钢筋构造的选择和应用	A070301 BT、CT、DT型楼梯平法施工图识图
		A070302 BT、CT、DT型楼梯钢筋构造的选择和应用

表 2 目标清单

目标类别	一级目标	二级目标	三级目标
B01 知识目标	B0101 平法识图基本知识	B010101 结构施工图基本知识	B01010101 了解建筑结构的分类
			B01010102 掌握施工图的组成
			B01010103 了解建筑结构抗震基本知识
		B010102 平法基本知识	B01010201 了解平法图集的概念及组成
	B0102 钢筋计量通用知识	B010201 混凝土基本知识	B01020101 了解混凝土设计使用年限及强度等级
			B01020102 掌握混凝土结构的环境类别
		B010202 钢筋基本知识	B01020201 了解钢筋的种类及标注方式
			B01020202 了解钢筋计算的方式及常用数据
	B0103 平法识图	B010301 基础平法施工图识图	B01030101 掌握基础平法制图规则
		B010302 柱平法施工图识图	B01030201 掌握柱平法制图规则
		B010303 梁平法施工图识图	B01030301 掌握梁平法制图规则
		B010304 剪力墙平法施工图识图	B01030401 掌握剪力墙平法制图规则
		B010305 板平法施工图识图	B01030501 掌握板平法制图规则
		B010306 楼梯平法施工图识图	B01030601 掌握楼梯平法制图规则
	B0104 平法计量	B010401 基础平法计量	B01040101 熟悉基础的相关钢筋构造
			B01040102 掌握基础钢筋工程量的计算方法
		B010402 柱平法计量	B01040201 熟悉柱的相关钢筋构造
			B01040202 掌握柱钢筋工程量的计算方法
		B010403 梁平法计量	B01040301 熟悉梁的相关钢筋构造
			B01040302 掌握梁钢筋工程量的计算方法
		B010404 剪力墙平法计量	B01040401 熟悉剪力墙的相关钢筋构造
			B01040402 掌握剪力墙钢筋工程量的计算方法
		B010405 板平法计量	B01040501 熟悉板的相关钢筋构造
			B01040502 掌握板钢筋工程量的计算方法
		B010406 楼梯平法计量	B01040601 熟悉楼梯的相关钢筋构造
			B01040602 掌握楼梯钢筋工程量的计算方法
B02 专业能力目标	B0201 平法识图	B020101 能够正确运用平法图集，准确查找各数据	
		B020102 基础平法施工图识图	B02010201 能识读基础结构施工图中相关信息
		B020103 柱平法施工图识图	B02010301 能识读柱结构施工图中相关信息
		B020104 梁平法施工图识图	B02010401 能识读梁结构施工图中相关信息

目标类别	一级目标	二级目标	三级目标
B02 专业能力目标	B0201 平法识图	B020105 剪力墙平法施工图识图	B02010501 能识读剪力墙结构施工图中相关信息
		B020106 板平法施工图识图	B02010601 能识读板结构施工图中相关信息
		B020107 楼梯平法施工图识图	B02010701 能识读楼梯结构施工图中相关信息
B02 专业能力目标	B0202 平法计量	B020201 能根据工程特点，选择合适的钢筋构造做法	
		B020202 基础平法计量	B02020201 能根据基础的结构施工图，计算基础的钢筋工程量
		B020203 柱平法计量	B02020301 能根据柱的结构施工图，计算柱的钢筋工程量
		B020204 梁钢筋平法算量	B02020401 能根据梁的结构施工图，计算梁的钢筋工程量
		B020205 剪力墙钢筋平法算量	B02020501 能根据剪力墙的结构施工图，计算剪力墙的钢筋工程量
		B020206 板钢筋平法算量	B02020601 能根据板的结构施工图，计算板的钢筋工程量
		B020207 楼梯钢筋平法算量	B02020701 能根据楼梯的结构施工图，计算楼梯的钢筋工程量
B03 综合能力与素质目标	B0301 个人职业技能和职业道德	B030101 个人技能和态度	B03010101 良好的学习习惯和学习方法
			B03010102 将理论知识运用于实践的能力
			B03010103 积极进取意识
			B03010104 创造性思维
			B03010105 空间思维能力
			B03010106 专业严谨的态度
		B030102 职业技能和道德	B03010201 诚信、正直、敬业
			B03010202 责任感和承担责任能力
			B03010203 规范意识
			B03010204 质量意识和安全意识
	B0302 人际交往技能和团队组织能力	B030201 交流能力	B03020101 口头表达和人际交流
		B030202 团队意识	B03020201 团队协作能力
			B03020202 对工作目标的判断和理解能力
			B03020203 自我判断与评价能力
		B030203 团队组织与协调能力	B03020301 团队组织能力
			B03020302 时间和资源的优化与管理能力

表 3 思政元素

内容引导	思考问题	课程思政元素
引例	抗震等级对钢筋工程量有什么影响？	精益求精 严谨务实
思政小贴士	大国工匠竺士杰：大国工匠要能"团队作战"	团队意识
引例	1. 独立基础的底板钢筋有什么特殊点？ 2. 条形基础与独立基础的钢筋有什么共同点？	辩证思维 勤于反思
思政小贴士	大国工匠管延安："超级工程"走出的"大国工匠"	精益求精
引例	22G101 和 16G101，对于柱纵向钢筋在基础中构造有什么区别？	终身学习 精益求精
思政小贴士	大国工匠陈兆海：当好"工程之眼"	终身学习
引例	剪力墙拉结筋的布置方式都有哪些？	职业精神
思政小贴士	从小砌匠到"大国工匠""95 后"代表邹彬话匠心筑梦质量强国	严谨务实
引例	柱对梁的钢筋量是否有影响？	工匠精神
思政小贴士	全国建筑行业"大国工匠"高峰：锤炼工匠本色，书写奋斗华章！	精益求精
引例	22G101 和 16G101，对于有梁楼盖板中的负筋有什么区别？	终身学习 严谨务实
思政小贴士	大国工匠陈宇航：中国建筑青年"小匠"，实力彰显大国担当	终身学习 精益求精
引例	楼梯的配筋形式有哪些？	问题解决 自主学习
思政小贴士	古代建筑工匠师黄德节：弘扬大国工匠精神，修复城市记忆	大国胸襟 民族情怀
团体任务	如果快速高效地完成团体任务？	质量意识 安全意识 大局意识 团队协作

目 录

情境 1
平法识图与计量通用认知

➡ 引例

引例思考:锚固与哪些因素有关?

某建设单位办公室

小张:师傅,您帮我看一下,我用软件算完的钢筋量为什么比施工单位上报的还多呢?

老王:多在哪部分呢? 基础? 柱? 梁? 墙? 还是板? 是不是哪部分画错了啊?

小张:好像都多了一些……

老王:都多了应该就不是画错了,可能是某些通用的信息输入错误了,我看看!

小张:好的,师傅,我这部分经验不足,正好您帮我看的时候,我也学习一下怎么查量,下次争取自己解决!

老王:我们可以拿一个构件来找一下原因,比如说这根框架梁,看一下上部钢筋的计算式,都是净长＋锚固长度,你的锚固长度是 $40d$,施工方的锚固长度是 $37d$,这就不对了呀!

小张:师傅,我出现这样问题的原因是什么啊?

老王:你回想一下,我之前和你说过,梁是抗震构件,锚固数值和哪些因素有关?

小张:呃……有钢筋种类、混凝土强度等级、抗震等级,还有……钢筋直径! 师傅,我说的对不对?

老王:没错,你记得很清楚,那我们就来分析一下这里面的问题,钢筋种类和钢筋直径,每个构件、每个位置的钢筋都不一样,你按照图纸输入不会有问题。 那么就是混凝土强度等级和抗震等级了,我们就要到最开始的工程设置里面找信息。

小张:师傅,我来找,您来帮我看! 我把两个工程都调整到最初的工程信息!

老王:小张啊,你看,施工单位报的抗震等级是三级,你这个怎么是一级呢?

小张:哎呀,师傅,都怪我马虎了,一级是软件默认的,这个位置我忘记调整了,我马上改!

老王:抗震等级不仅会影响锚固,还会影响搭接,抗震等级越高,数值越高,这样你的钢筋量当然大了!

小张:师傅,我调整过来了,现在钢筋量差得不多了,我再仔细找找! 我记住了,下次一定把信息找全,谢谢师傅!

老王:不用客气,你这种好学、务实的精神值得表扬! 再接再厉!

	任务1 平法基本知认知	能力 能了解平法的基本知识
情境1 平法识图与计量通用认知	任务2 钢筋计量通用认知	能力1 能了解钢筋的标注方式
		能力2 能理解钢筋的计算原理

任务 1　平法基本认知

📋 任务要求

了解平法图集的概念、设计依据及使用范围;能判断建筑结构类型及相关抗震等级;了解施工图的组成及其内容。

📋 工作准备

1. 阅读工作任务要求,了解建筑结构类型。
2. 查找并掌握建筑结构抗震基本知识。
3. 结合任务要求分析施工图的组成及其内容。

引导问题1:框架结构与剪力墙结构的区别是什么?

引导问题2:建筑施工图主要表示房屋的哪些信息?

引导问题3:结构施工图应包含哪些内容?

引导问题4:抗震设防分为几个类别?分别是什么?

引导问题5:设防烈度7度的地区,结构类型为普通框架结构,高度为30 m,抗震等级为几级?

导读

| 建筑结构分类 | 施工图的分类及其内容 | 建筑结构抗震基本认知 |

带着以上引导问题学习视频后,来进行本任务平法的基本知识学习。

能力1 能了解平法的基本知识

能力培养

一、平法的概念

建筑结构施工图平面整体表示方法(简称平法),是把结构构件的尺寸和配筋等,按照平面整体表示方法制图规则,整体直接表达在各类构件的结构平面布置图上,再与标准构造详图相配合,即构成一套新型完整的结构设计。

二、22G101 平法图集的设计依据

1.《工程结构通用规范》(GB 55001—2021);

2.《建筑与市政工程抗震通用规范》(GB 55002—2021);

3.《混凝土结构通用规范》(GB 55008—2021);

4.《混凝土结构设计规范(2015 年版)》(GB 50010—2010);

5.《建筑抗震设计规范(2016 年版)》(GB 50011—2010);

6.《高层建筑混凝土结构技术规程》(JGJ 3—2010);

7.《建筑结构制图标准》(GB/T 50105—2010)。

三、22G101 平法图集的适用范围

1. 本图集包括基础顶面以上的现浇混凝土柱、剪力墙、梁、板(包括有梁楼盖和无梁楼盖)、现浇混凝土板式楼梯、独立基础、条形基础、筏形基础及桩基础等构件的平法制图规则和标准构造详图两大部分内容。

2. 本图集适用于抗震设防烈度为 6～9 度地区的结构施工图的设计。

3. 本图集中,符号"φ"代表 HPB300 钢筋,符号"Φ"代表 HRB400 钢筋。

4. 本图集标准构造详图中钢筋采用 90°弯折锚固时,图示"平直段长度"及"弯折段长度"均指包括弯弧在内的投影长度,如图 1.1.1 所示。

5. 本图集的尺寸以毫米(mm)为单位,标高以米(m)为单位。

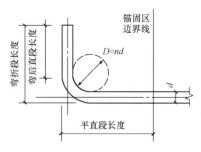

图 1.1.1 钢筋 90°弯折锚固示意

任务实施

任务 1-1:根据能力平法认知的学习内容,完成以下学习任务。

姓名		班级		学号	
工作任务		简述 22G101 平法图集的适用范围			
教学评价					

参考答案

4

任务 2　钢筋计量通用认知

任务要求

对实训办公楼结构图中钢筋的种类及标注方式、混凝土强度等级等信息进行查找整理,并根据抗震等级、钢筋种类、混凝土强度等级等信息判断钢筋锚固长度、搭接长度。

工作准备

1. 阅读工作任务要求,了解混凝土设计使用年限、混凝土强度等级、混凝土结构的环境类别,进行图纸分析。

2. 收集《混凝土结构施工图平面整体表示方法制图规则和构造详图(现浇混凝土框架、剪力墙、梁、板)》(22G101—1)中有关锚固和搭接部分知识。

引导问题 1:混凝土的设计使用年限划分为哪几种?

引导问题 2:混凝土结构的环境类别中,二 a 类是什么样的环境条件?

引导问题 3:钢筋的种类,按照钢筋在结构中的作用,分为哪几种?

混凝土基本知识　　　　　　钢筋的种类

带着以上引导问题学习视频后,来进行本任务钢筋计量通用知识学习。

能力 1　能了解钢筋的标注方式

能力培养

在结构施工图中,构件的钢筋标注要遵循一定的规范。

1. 标注钢筋的根数、直径和等级,如 4Φ25:4 表示钢筋的根数,25 表示钢筋的直径,Φ 表示钢筋等级为 HRB400 钢筋,如图 1.2.1 所示。

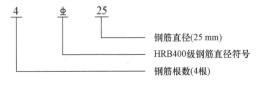

图 1.2.1　钢筋的标注方式(一)

2. 标注钢筋的等级、直径和相邻钢筋中心距,如 φ10@100:10 表示钢筋直径,@为相等中心距符号,100 表示相邻钢筋的中心距离,φ 表示钢筋等级为 HPB300 钢筋,如图 1.2.2 所示。

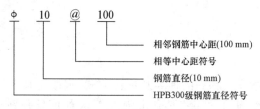

图 1.2.2 钢筋的标注方式(二)

任务实施

任务 1-2:根据能力 1 钢筋基本认知的学习内容,完成以下学习任务。

姓名		班级		学号	
工作任务		简述受力筋和箍筋的作用			
教学评价					

能力 2　能理解钢筋的计算原理

能力培养

一、钢筋长度计算的方式

建筑工程从设计到竣工可分为设计、招标投标、施工和竣工结算 4 个阶段,确定钢筋用量是每个阶段中必不可少的一个环节。

根据不同的阶段、不同的计算工作划分,钢筋的计算可以分为钢筋翻样和钢筋算量。其中,钢筋翻样的主要目的是指导施工,需以"实际长度"进行计算,并同步考虑钢筋间的相互避让关系;钢筋算量的主要目的是确定工程造价,根据工程量清单和各地定额的要求,以"设计长度(外皮长度)"或"实际长度(中轴线长度)"进行计算,无须考虑钢筋间的相互避让关系。如图 1.2.3 所示,本书中涉及的长度,按实际长度(中轴线长度)计算,不考虑钢筋间的相互避让关系。

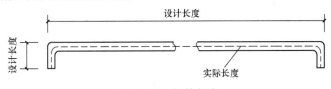

图 1.2.3　钢筋长度

二、钢筋计算的常用数据

1. 钢筋混凝土保护层

保护层厚度是指最外层钢筋(箍筋、构造筋、分布筋等)外边缘至混凝土表面的距离,用 c 表示。

保护层的作用是保护纵向钢筋不被锈蚀;在火灾等情况下使钢筋的温度上升缓慢;使纵向钢筋与混凝土有较好的黏结。

影响保护层厚度的因素有环境类别、混凝土强度等级、结构设计年限和构件类型。

根据 22G101 图集,混凝土保护层的最小厚度见表 1.2.1。

表 1.2.1　混凝土保护层的最小厚度　　　　　　　　　　　　mm

环境类别	板、墙		梁、柱		基础梁(顶面和侧面)		独立基础、条形基础、筏形基础(顶面和侧面)	
	≤C25	≥C30	≤C25	≥C30	≤C25	≥C30	≤C25	≥C30
一	20	15	25	20	25	20	—	—
二 a	25	20	30	25	30	25	25	20
二 b	30	25	40	35	40	35	30	25
三 a	35	30	45	40	45	40	35	30

环境类别	板、墙		梁、柱		基础梁 （顶面和侧面）		独立基础、条形基础、 筏形基础（顶面和侧面）	
	≤C25	≥C30	≤C25	≥C30	≤C25	≥C30	≤C25	≥C30
三 b	45	40	55	50	55	50	45	40

注:1. 表中混凝土保护层厚度指最外层钢筋外边缘至混凝土表面的距离,适用于设计使用年限为50年的混凝土结构。

2. 构件中受力钢筋的保护层厚度不应小于钢筋的公称直径。

3. 设计使用年限为100年的混凝土结构,一类环境中,最外层钢筋的保护层厚度不应小于表中数值的1.4倍;二、三类环境中,应采取专门的有效措施。

4. 混凝土强度等级不大于C25时,表中保护层厚度数值应增加5 mm。

5. 基础底面钢筋的保护层厚度,有垫层时应从垫层顶面算起,且不应小于40 mm;无垫层时不应小于70 mm。承台底面钢筋保护层厚度尚不应小于桩头嵌入承台内的长度

2. 钢筋的理论质量

钢筋的理论质量是指钢筋每米长度的质量,单位是 kg/m。

$$钢筋理论质量 = 0.00617d^2$$

式中 d——钢筋的公称直径(mm)。

钢筋理论质量见表1.2.2。

表 1.2.2 钢筋理论质量

公称直径/mm	公称横截面积/mm²	理论质量/(kg·m⁻¹)
6	28.27	0.222
8	50.27	0.395
10	78.54	0.617
12	113.10	0.888
14	153.94	1.208
16	201.06	1.578
18	254.47	1.998
20	314.16	2.466
22	380.13	2.984
25	490.87	3.853
28	615.75	4.834
32	804.25	6.313
36	1017.88	7.990
40	1256.64	9.865
50	1963.50	15.413

3. 钢筋的锚固长度

钢筋的锚固长度是指受拉钢筋与混凝土两种材料之间的黏结,为了使钢筋不被拔出就必须有一定的埋入长度,使得钢筋能通过黏结应力将拉拔传递给混凝土,此埋入长度即为受拉钢筋的锚固长度,一般简称为锚固长度。

22G101平法图集中锚固长度分为4类,如图1.2.4所示。

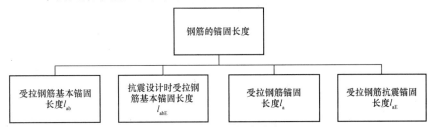

图 1.2.4　锚固长度分类

锚固长度的确定见表1.2.3～表1.2.6。

表 1.2.3　受拉钢筋基本锚固长度 l_{ab}

钢筋种类	混凝土强度等级							
	C25	C30	C35	C40	C45	C50	C55	≥C60
HPB300	$34d$	$30d$	$28d$	$25d$	$24d$	$23d$	$22d$	$21d$
HRB400、HRBF400 RRB400	$40d$	$35d$	$32d$	$29d$	$28d$	$27d$	$26d$	$25d$
HRB500、HRBF500	$48d$	$43d$	$39d$	$36d$	$34d$	$32d$	$31d$	$30d$

表 1.2.4　抗震设计时受拉钢筋基本锚固长度 l_{abE}

钢筋种类		混凝土强度等级							
		C25	C30	C35	C40	C45	C50	C55	>C60
HPB300	一、二级	$39d$	$35d$	$32d$	$29d$	$28d$	$26d$	$25d$	$24d$
	三级	$36d$	$32d$	$29d$	$26d$	$25d$	$24d$	$23d$	$22d$
	三级	$35d$	$31d$	$28d$	$26d$	$24d$	$23d$	$22d$	$22d$
HRB400 HRBF400	一、二级	$46d$	$40d$	$37d$	$33d$	$32d$	$31d$	$30d$	$29d$
	三级	$42d$	$37d$	$34d$	$30d$	$29d$	$28d$	$27d$	$26d$
HRB500 HRBF500	一、二级	$55d$	$49d$	$45d$	$41d$	$39d$	$37d$	$36d$	$35d$
	三级	$50d$	$45d$	$41d$	$38d$	$36d$	$34d$	$33d$	$32d$

注:1. 四级抗震时,$l_{abE}=l_{ab}$。

　　2. 混凝土强度等级应取锚固区的混凝土强度等级。

　　3. 当锚固钢筋的保护层厚度不大于 $5d$ 时,锚固钢筋长度范围内应设置横向构造钢筋,其直径不应小于 $d/4$(d 为锚固钢筋的最大直径);对梁、柱等构件间距不应大于 $5d$,对板、墙等构件间距不应大于 $10d$,且均不应大于 100 mm(d 为锚固钢筋的最小直径)

表 1.2.5　受拉钢筋锚固长度 l_a

钢筋种类	C25		C30		C35		C40		C45		C50		C55		>C60	
	d≤25 mm	d>25 mm	d≤25 mm	d>25 mm	d≤25 mm	d>25 mm	d≤25 mm	d>25 mm	d≤25 mm	d>25 mm	d≤25 mm	d>25 mm	d≤25 mm	d>25 mm	d≤25 mm	d>25 mm
HPB300	34d	—	30d	—	28d	—	25d	—	24d	—	23d	—	22d	—	21d	—
HRB400、HRBF400 RRB400	40d	44d	35d	39d	32d	35d	29d	32d	28d	31d	27d	30d	26d	29d	25d	28d
HRB500、HRBF500	48d	53d	43d	47d	39d	43d	36d	40d	34d	37d	32d	35d	31d	34d	30d	33d

表 1.2.6　受拉钢筋抗震锚固长度 l_{aE}

钢筋种类及抗震等级		C25		C30		C35		C40		C45		C50		C55		>C60	
		d≤25 mm	d>25 mm	d≤25 mm	d>25 mm	d≤25 mm	d>25 mm	d≤25 mm	d>25 mm	d≤25 mm	d>25 mm	d≤25 mm	d>25 mm	d≤25 mm	d>25 mm	d≤25 mm	d>25 mm
HPB300	一、二级	39d	—	35d	—	32d	—	29d	—	28d	—	26d	—	25d	—	24d	—
HPB300	三级	36d	—	32d	—	29d	—	26d	—	25d	—	24d	—	23d	—	22d	—
HRB400 HRBF400	一、二级	46d	51d	40d	45d	37d	40d	33d	37d	32d	36d	31d	35d	30d	33d	29d	32d
HRB400 HRBF400	三级	42d	46d	37d	41d	34d	37d	30d	34d	29d	33d	28d	32d	27d	30d	26d	29d
HRB500 HRBF500	一、二级	55d	61d	49d	54d	45d	49d	41d	46d	39d	43d	37d	40d	36d	39d	35d	38d
HRB500 HRBF500	三级	50d	56d	45d	49d	41d	45d	38d	42d	36d	39d	34d	37d	33d	36d	32d	35d

注：1. 当为环氧树脂涂层带肋钢筋时，表中数据尚应乘以 1.25。

2. 当纵向受拉钢筋在施工过程中易受扰动时，表中数据尚应乘以 1.1。

3. 当锚固长度范围内纵向受力钢筋周边保护层厚度为 3d（d 为锚固钢筋的直径）时，表中数据可分别乘以 0.8；保护层厚度不小于 5d 时，表中数据可分别乘以 0.7；中间时按内插值。

4. 当纵向受拉普通钢筋锚固长度修正系数多于一项时，可按连乘计算。

5. 受拉钢筋的锚固长度 l_a、l_{aE} 计算值不应小于 200。

4. 钢筋的连接

（1）钢筋的连接方式。常见的钢筋连接方式分为 3 种，分别是绑扎搭接（图 1.2.5）、焊接（图 1.2.6）和机械连接（图 1.2.7）。

图 1.2.5　绑扎搭接

图 1.2.6　焊接

图 1.2.7　机械连接

(2)纵向钢筋接头面积百分率的确定。同一连接区段内纵向钢筋搭接接头面积的百分率,为该区段内有连接接头的纵向受力钢筋截面面积与全部纵向钢筋截面面积的百分率(当直径相同时,图示钢筋连接接头面积百分率为50%),如图1.2.8所示。

图1.2.8 柱纵向钢筋

22G101平法图集中对纵向钢筋接头面积百分率的要求见表1.2.7。

表1.2.7 纵向钢筋接头面积百分率要求

构件类型	接头面积百分率要求
梁、板、墙	不宜大于25%
柱	不宜大于50%
注:当工程中需要增大受拉钢筋搭接接头面积百分率时,梁类构件不宜大于50%;板类、墙类及柱类构件,可根据实际情况放宽	

(3)钢筋的搭接长度。钢筋采用绑扎搭接时,需满足一定的搭接长度,在22G101平法图集中分为纵向受拉钢筋搭接长度l_l和纵向受拉钢筋抗震搭接长度l_{lE},具体数值见表1.2.8、表1.2.9。

5. 钢筋的量度差值

钢筋加工时,弯折和弯钩需满足一定的弯曲直径,根据22G101平法图集规定如下:

(1)光圆钢筋,不应小于钢筋直径的2.5倍。

(2)400 MPa级带肋钢筋,不应小于钢筋直径的4倍。

(3)500 MPa级带肋钢筋,当直径$d \leqslant 25$时,不应小于钢筋直径6倍;当直径$d > 25$时,不应小于钢筋直径的7倍。

量度差值示意如图1.2.9所示。

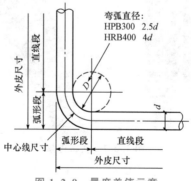

图1.2.9 量度差值示意

表 1.2.8　纵向受拉钢筋搭接长度 l_l

钢筋种类及同一区段内搭接钢筋面积百分率		C25 d≤25 mm	C25 d>25 mm	C30 d≤25 mm	C30 d>25 mm	C35 d≤25 mm	C35 d>25 mm	C40 d≤25 mm	C40 d>25 mm	C45 d≤25 mm	C45 d>25 mm	C50 d≤25 mm	C50 d>25 mm	C55 d≤25 mm	C55 d>25 mm	C60 d≤25 mm	C60 d>25 mm
HPB300	≤25%	41d	—	36d	—	34d	—	30d	—	29d	—	28d	—	26d	—	25d	—
	50%	48d	—	42d	—	39d	—	35d	—	34d	—	32d	—	31d	—	29d	—
	100%	54d	—	48d	—	45d	—	40d	—	38d	—	37d	—	35d	—	34d	—
	50%	46d	—	41d	—	38d	—	35d	—	32d	—	31d	—	29d	—	29d	—
	100%	53d	—	46d	—	43d	—	40d	—	37d	—	35d	—	34d	—	34d	—
HRB400 HRBF400	≤25%	48d	53d	42d	47d	38d	42d	35d	38d	34d	37d	32d	36d	31d	35d	30d	34d
	50%	56d	62d	49d	55d	45d	49d	41d	45d	39d	43d	38d	42d	36d	41d	35d	39d
	100%	64d	70d	56d	62d	51d	56d	46d	51d	45d	50d	43d	48d	42d	46d	40d	45d
HRB500 HRBF500	≤25%	58d	64d	52d	56d	47d	52d	43d	48d	41d	44d	38d	42d	37d	41d	36d	40d
	50%	67d	74d	60d	66d	55d	60d	50d	56d	48d	52d	45d	49d	43d	48d	42d	46d
	100%	77d	85d	69d	75d	62d	69d	58d	64d	54d	59d	51d	56d	50d	54d	48d	53d

混凝土强度等级

表 1.2.9　纵向受拉钢筋抗震搭接长度 l_{lE}

钢筋种类及同一区段内搭接钢筋面积百分率			混凝土强度等级														
			C25		C30		C35		C40		C45		C50		C55		C60	
	钢筋种类	搭接钢筋面积百分率	d≤25 mm	d>25 mm	d≤25 mm	d>25 mm	d≤25 mm	d>25 mm	d≤25 mm	d>25 mm	d≤25 mm	d>25 mm	d≤25 mm	d>25 mm	d≤25 mm	d>25 mm	d≤25 mm	d>25 mm
一、二级抗震等级	HPB300	≤25%	47d	—	42d	—	38d	—	35d	—	34d	—	31d	—	30d	—	29d	—
		50%	55d	—	49d	—	45d	—	41d	—	39d	—	36d	—	35d	—	34d	—
	HRB400 HRBF400	≤25%	55d	—	48d	54d	44d	48d	40d	44d	38d	43d	37d	42d	36d	40d	35d	38d
		50%	61d	—	54d	63d	48d	56d	44d	52d	43d	50d	42d	49d	40d	46d	38d	45d
	HRB500 HRBF500	≤25%	66d	73d	59d	65d	54d	59d	49d	55d	47d	52d	44d	48d	43d	47d	42d	46d
		50%	77d	85d	69d	76d	63d	69d	57d	64d	55d	60d	52d	56d	50d	55d	49d	53d
三级抗震等级	HPB300	≤25%	43d	—	38d	—	35d	—	31d	—	30d	—	29d	—	28d	—	26d	—
		50%	50d	—	45d	—	41d	—	36d	—	35d	—	34d	—	32d	—	31d	—
	HRB335 HRBF335	≤25%	42d	—	36d	—	34d	—	31d	—	29d	—	28d	—	26d	—	26d	—
		50%	49d	—	42d	—	39d	—	36d	—	34d	—	32d	—	31d	—	31d	—
	HRB400 HRBF400	≤25%	50d	—	44d	49d	41d	44d	36d	41d	35d	40d	34d	38d	32d	36d	31d	35d
		50%	59d	—	52d	57d	48d	52d	42d	48d	41d	46d	39d	45d	38d	42d	36d	41d
	HRB500 HRBF500	≤25%	60d	67d	54d	59d	49d	54d	46d	50d	43d	47d	41d	44d	40d	43d	38d	42d
		50%	70d	78d	63d	69d	57d	63d	53d	59d	50d	55d	48d	52d	46d	50d	45d	49d

注：1. 表中数值为纵向受拉钢筋绑扎搭接时的搭接长度。
　　2. 两根不同直径钢筋搭接时，表中 d 取较小钢筋直径。
　　3. 当为环氧树脂涂层带肋钢筋时，表中数据尚应乘以1.25。
　　4. 当纵向受拉钢筋在施工过程中易受扰动时，表中数据尚应乘以1.1。
　　5. 当锚固钢筋的保护层厚度为3d（d 为锚固钢筋的直径）时，表中数据可分别乘以0.8；保护层厚度不小于5d 时，表中数据可分别乘以0.7；中间时按内插值。
　　6. 当上述修正系数多于一项时，可按连乘计算。
　　7. 当位于同一连接区段内的钢筋搭接接头面积百分率为100%时，$l_{lE}=1.6l_{aE}$。
　　8. 当位于同一连接区段内的钢筋搭接接头面积百分率为表中数据中间值时，搭接长度可按内插取值。
　　9. 任何情况下，搭接长度不应小于300 mm。
　　10. 四级抗震等级时，$l_{lE}=l_l$。

当钢筋进行弯折或弯钩时,钢筋外皮尺寸和中心线尺寸会产生量度差值,光圆钢筋及带肋钢筋,常用的量度差值见表1.2.10。

表 1.2.10 弯曲调整值

钢筋级别	弯曲直径	30°	45°	60°	90°	135°	180°
HPB300	2.5d	0.285d	0.491d	0.766d	1.75d	1.9d	2.35d
HRB400	4d	0.294d	0.524d	0.847d	2.08d	2.9d	—

任务实施

任务 1-3:根据能力 2 钢筋计算的学习内容,完成以下学习任务。

姓名		班级		学号	
工作任务		判断钢筋的锚固和搭接			

已知某工程抗震等级为三级,框架柱混凝土等级为 C35,纵筋级别为 HRB400,直径为 20 mm,判断该框架柱 l_{aE} 和 l_{lE} 的数值。

参考答案

教学评价	

知识拓展

钢筋翻样计算原理

思政小贴士

大国工匠竺士杰:大国工匠要能"团队作战"

复习思考题

选择题

1. 钢筋理论质量计算公式为(　　)。

   A. 钢筋理论质量＝0.617×d^2

   B. 钢筋理论质量＝0.617×d^3

   C. 钢筋理论质量＝0.00617×d^2

   D. 钢筋理论质量＝0.0617×d

2. 混凝土保护层厚度是指(　　)。

   A. 外层钢筋内边缘至混凝土表面的距离

   B. 外层钢筋外边缘至混凝土表面的距离

   C. 主筋外边缘至混凝土表面的距离

   D. 箍筋外边缘至混凝土表面的距离

3. 混凝土结构类别中,下面属于二 a 类的是(　　)。

   A. 室内干燥环境

   B. 干湿交替环境

   C. 室内潮湿环境

   D. 盐渍土环境

4. 二 b 类环境中,梁的混凝土等级为 C35,则梁的混凝土保护层的最小厚度是( )mm。

    A. 25   B. 30

    C. 35   D. 40

5. 无垫层时,基础底部的钢筋的混凝土保护层厚度应从垫层顶面算起,不应小于( )mm。

    A. 40   B. 50

    C. 60   D. 70

6. 三级抗震,混凝土等级为 C30,HRB400 级钢筋的抗震设计时受拉钢筋基本锚固长度 l_{abE} 为( )。

    A. $35d$ B. $30d$

    C. $37d$ D. $34d$

7. 下面不是锚固长度的是( )。

    A. l_{ab} B. l_{abE}

    C. l_{aE} D. l_{l}

8. 三级抗震,混凝土等级为 C30,搭接面积百分率为 50%,HRB400 级钢筋直径 25 mm 的纵向受拉钢筋抗震搭接长度 l_{lE} 为( )。

    A. $38d$ B. $36d$

    C. $52d$ D. $44d$

9. 钢筋理论质量计算公式为 $0.00617 \times d^2$,式中 d 为钢筋直径,它的单位为( )。

    A. mm   B. cm   C. m

10. (多选)影响钢筋锚固长度 L_{aE} 大小选择的因素有( )。

    A. 抗震等级   B. 混凝土强度

    C. 钢筋种类及直径   D. 保护层厚度

参考答案

评价反馈

　　评价是否能完成混凝土及钢筋的基础认知，以及钢筋计量的原理；是否能完成各项任务、有无任务遗漏。学生进行自我评价，教师对学生进行评价，并将结果填入表中。

班级：		姓名：		学号：		
学习项目		平法识图与计量通用认知				
序号	评价项目	评分标准	满分	自评	师评	
1	建筑工程结构类型	能正确查找图纸中给出的结构类型，并说出其类型	5			
2	施工图的组成	理解施工图的组成及各自的内容	10			
3	建筑结构的抗震等级和设防烈度	能正确查找图纸中给出的相关信息，并了解相互关系	10			
4	混凝土设计使用年限、混凝土强度等级及混凝土结构的环境类别	能正确查找图纸中给出的相关信息，并能根据混凝土结构的环境类别判断其保护层	5			
5	钢筋的种类及标注方式	能根据图纸正确识读钢筋种类及标注信息	10			
6	钢筋混凝土保护层	能正确查找图纸中给出的混凝土保护层	5			
7	钢筋的计算	理解钢筋计算的原理及相关数据	10			
8	钢筋的锚固长度	能根据图纸信息正确选择并理解相关锚固长度	10			
9	钢筋的连接	能根据图纸信息正确选择并理解相关连接形式及搭接长度	10			
10	钢筋的量度差值	理解量度差值原理及相关数据	5			
11	工作态度	态度端正，无无故缺勤、迟到、早退情况	5			
12	协调能力	与小组成员、同学之间能合作交流，协调工作	5			
13	创新意识	通过阅读22G101系列平法图集，能更好地理解图纸内容	10			
14	合计		100			

情境 2

基础平法识图与计量

⇒ 引例

引例思考:进行独立基础、条形基础钢筋的计算,都需要掌握哪些基本知识?

某咨询公司办公室

新人小美:王姐,您时间方便吗? 想跟您请教一个问题,您能帮我看一下吗?

王姐:哪方面的问题?

新人小美:我在做您昨天给我的练习工程,绘制到独立基础的时候,发现不同的独立基础,钢筋长度计算方式不一样,这是什么原因呢?

王姐:我看一下!

新人小美:王姐,您看一下,第一个基础的 x 方向钢筋的长度计算式是净长-保护层-保护层,第二个基础的 x 方向钢筋的长度计算式是分两种数据的,其中一种是 $0.9 \times$ 基础底长。

王姐:是这样的,软件内置的都是平法图集的规则,在平法图集上有相关的规定,我们拿图集看一下!

新人小美:是在 22G101—3 图集里面吧?

王姐:是的,你看,在 2-14 页,当独立基础底板长度大于或等于 2500 mm 时,除外侧钢筋外,底板配筋长度可取相应方向底板长度的 0.9 倍,交错放置,四边最外侧钢筋不缩短。这就明确说明了,会有两种长度的钢筋:一种是长度不变的;一种是缩短的。

新人小美:是的王姐,那就对了,第二个基础不减短的正好是 4 根! 原来是这样的! 看来我需要先把平法图集好好学习一下了!

王姐:是的,平法图集是钢筋工程量计算的基础,在学校上学的时候,相关的课时少,需要在工作中多补充一些!

新人小美:多谢王姐! 我一定好好学习,不明白的还得麻烦您!

王姐:没问题!

⇒ 知识目标

1. 掌握基础平法制图规则;

2. 熟悉基础的相关钢筋构造;

3. 掌握独立基础、条形基础钢筋工程量的计算方法。

能力目标

1. 能够正确运用平法图集,准确查找基础相关各数据;
2. 能识读基础结构施工图中相关信息;
3. 能根据工程特点,选择合适的钢筋构造做法;
4. 能根据基础的结构施工图,计算基础的钢筋工程量。

能力目标

1. 培养学生良好的学习习惯和学习方法;
2. 培养学生将理论知识运用于实践的能力;
3. 培养学生空间思维能力;
4. 培养学生专业严谨的态度;
5. 培养学生的规范意识;
6. 培养学生团队协作、合理分工的能力。

导读

思维导图

```
                                                      ┌─ 能力1 能识读独立基础结构施工图
                                      任务1 独立基础平法识图与计量 ┼─ 能力2 能选择和应用独立基础钢筋构造
                                                      └─ 能力3 能计算独立基础钢筋工程量
情境2 基础平法识图与计量 ┤
                                                      ┌─ 能力1 能识读条形基础结构施工图
                                      任务2 条形基础平法识图与计量 ┼─ 能力2 能选择和应用条形基础钢筋构造
                                                      └─ 能力3 能计算条形基础钢筋工程量
```

任务 1　独立基础平法识图与计量

任务要求

对实训办公楼结构图中独立基础平法施工图进行识图、审图,再进行相关独立基础钢筋工程量计算工作。

工作准备

1. 阅读工作任务要求,识读独立基础平法施工图纸,进行图纸分析。
2. 收集《混凝土结构施工图平面整体表示方法制图规则和构造详图(独立基础、条形基础、筏形基础、桩基础)》(22G101—3)、《混凝土结构施工钢筋排布规则与构造详图(独立基础、条形基础、筏形基础、桩基础)》(18G901—3)中有关独立基础的制图规则和钢筋构造部分知识。
3. 结合任务要求分析基础平法施工图识读和独立基础钢筋计算的难点和常见问题。

引导问题1:基础的分类有哪些?

引导问题2:独立基础的分类有哪些?

引导问题3:独立基础平法施工图的表示方法有哪几种?

引导问题4:独立基础平面注写方式中,集中标注的内容,三项必注值是什么?

基础的分类

独立基础的分类

独立基础平法施工图的表示方法

带着以上引导问题学习视频后,按照识图→钢筋构造→工程量计算的顺序进入本任务的学习。

能力1 能识读独立基础结构施工图

能力培养

一、独立基础平面注写方式

独立基础平面注写方式,分为集中标注和原位标注两部分内容,如图2.1.1所示。

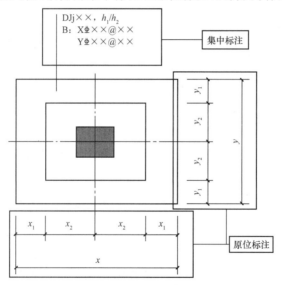

图 2.1.1 独立基础平面注写方式

1. 独立基础集中标注

(1)独立基础编号。独立基础编号由基础类型代号、序号、截面形状几项组成,并应符合表2.1.1的规定。

表 2.1.1 独立基础编号

类型	基础底板截面形状	代号	序号	示例
普通独立基础	阶形	DJj	××	
	锥形	DJz	××	
杯口独立基础	阶形	BJj	××	
	锥形	BJz	××	

注：a. 独立基础底板截面形状通常有两种，阶形截面代号下标"j"，锥形截面代号下标"z"。
　　b. 矩形独立基础可视为单阶形

（2）截面竖向尺寸。注写独立基础截面竖向尺寸。按普通独立基础和杯口独立基础分别进行说明，并应符合表 2.1.2 的规定。

表 2.1.2　截面竖向尺寸

类型	截面形状	示例	说明
普通独立基础	阶形		注写 $h_1/h_2/\cdots\cdots$，当为更多阶时，各阶尺寸自下而上用"/"分隔顺写
	锥形		注写 $h_1/h_2/\cdots\cdots$，当为更多阶时，各阶尺寸自下而上用"/"分隔顺写
杯口独立基础	阶形		当杯口独立基础为阶形截面时，其竖向尺寸分两组：一组表达杯口内；另一组表达杯口外。两组尺寸以","分隔，注写为 $a_0/a_1/,h_1/h_2/\cdots\cdots$，其中杯口深度 a_0 为柱插入杯口的尺寸加 50
	锥形		当杯口独立基础为锥形截面时，注写为 $a_0/a_1/,h_1/h_2/\cdots\cdots$

（3）独立基础底板配筋。以 B 代表各种独立基础底板的底部配筋。x 向配筋以 X 打头、y 向配筋以 Y 打头注写；当两向配筋相同时，则以 X&Y 打头注写，见表 2.1.3。

（4）独立基础底面标高。注写基础底面标高。当独立基础的底面标高与基础底面标高不同时，应将独立基础底面标高直接注写在"（　）"内。

表 2.1.3　独立基础底板配筋示例

编号	示例
DJj1	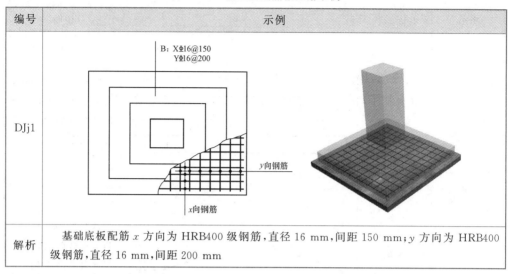
解析	基础底板配筋 x 方向为 HRB400 级钢筋,直径 16 mm,间距 150 mm;y 方向为 HRB400 级钢筋,直径 16 mm,间距 200 mm

2. 独立基础原位标注

独立基础的原位标注包含独立基础两向边长及锥形平面尺寸以及柱截面尺寸等两部分内容,并应符合表 2.1.4 的规定。

表 2.1.4　独立基础原位标注

类型	截面形状	示例	说明
普通独立基础	阶形	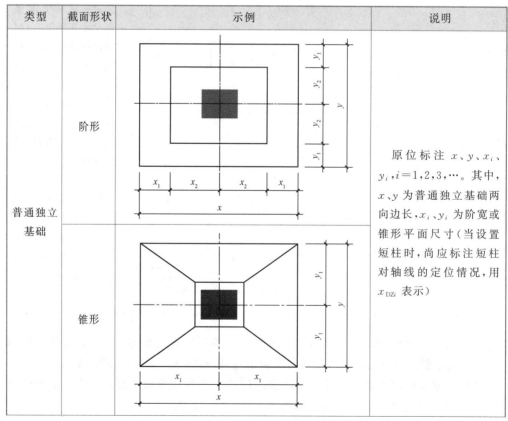	原位标注 x、y、x_i、y_i,$i=1,2,3,\cdots$。其中,x、y 为普通独立基础两向边长,x_i、y_i 为阶宽或锥形平面尺寸(当设置短柱时,尚应标注短柱对轴线的定位情况,用 x_{DZi} 表示)
	锥形		

类型	截面形状	示例	说明
杯口独立基础	阶形	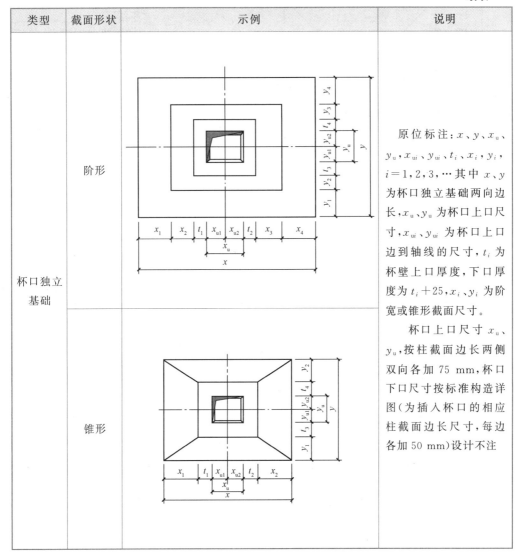	原位标注：x、y、x_u、y_u、x_{ui}、y_{ui}、t_i、x_i、y_i，$i=1,2,3,\cdots$ 其中 x、y 为杯口独立基础两向边长，x_u、y_u 为杯口上口尺寸，x_{ui}、y_{ui} 为杯口上口边到轴线的尺寸，t_i 为杯壁上口厚度，下口厚度为 t_i+25，x_i、y_i 为阶宽或锥形截面尺寸。 杯口上口尺寸 x_u、y_u 按柱截面边长两侧双向各加 75 mm，杯口下口尺寸按标准构造详图（为插入杯口的相应柱截面边长尺寸，每边各加 50 mm）设计不注
	锥形		

二、独立基础截面注写方式

对单个基础进行截面标注的内容和形式，与传统"单构件正投影表示方法"基本相同。对于已在基础平面布置图上原位标注清楚的该基础的平面几何尺寸，在截面图上可不再重复表达，具体表达内容可参照 22G101—3 图集中相应的标准构造，如图 2.1.2 所示。

三、独立基础列表注写方式

对多个同类基础，可采用列表注写（结合截面示意图）的方式进行集中表达。表中内容为基础截面的几何数据和配筋等，在截面示意图上应标注与表中栏目相对应的代号。实训办公楼基础剖面配筋图（结施—04）基础配筋表见表 2.1.5。

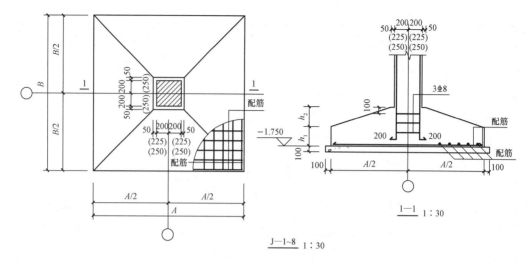

图 2.1.2　实训办公楼基础剖面配筋图(结施—04)

表 2.1.5　独立基础列表注写方式

基础号	基础尺寸						配筋		柱断面
	$A/2$	A	$B/2$	B	h_1	h_2	x 向配筋	y 向配筋	
J—1	1300	2600	1300	2600	300	200	⊈12@140	⊈12@140	400×400
J—2	1400	2800	1400	2800	300	300	⊈14@160	⊈14@160	400×400
J—3	1500	3000	1500	3000	300	300	⊈14@160	⊈14@160	400×400
J—4	1600	3200	1600	3200	400	300	⊈14@130	⊈14@130	400×400
J—5	1700	3400	1700	3400	400	300	⊈14@130	⊈14@130	400×400
J—6	1800	3600	1800	3600	400	400	⊈16@150	⊈16@150	400×400
J—7	1900	3800	2300	4600	400	400	⊈16@150	⊈16@150	400×400 (450×450)
J—8	2400	4800	2400	4800	500	400	⊈16@130	⊈16@130	400×400

独立基础截面注写
方式与列表注写方式

任务 2-1:根据能力 1 独立基础平法识图内容,完成以下练习任务。

姓名		班级		学号	
工作任务		解析实训办公楼案例结施—04 中 J—8 的识图			
基础编号					
截面平面尺寸					
截面竖向尺寸					
配筋					
标高					

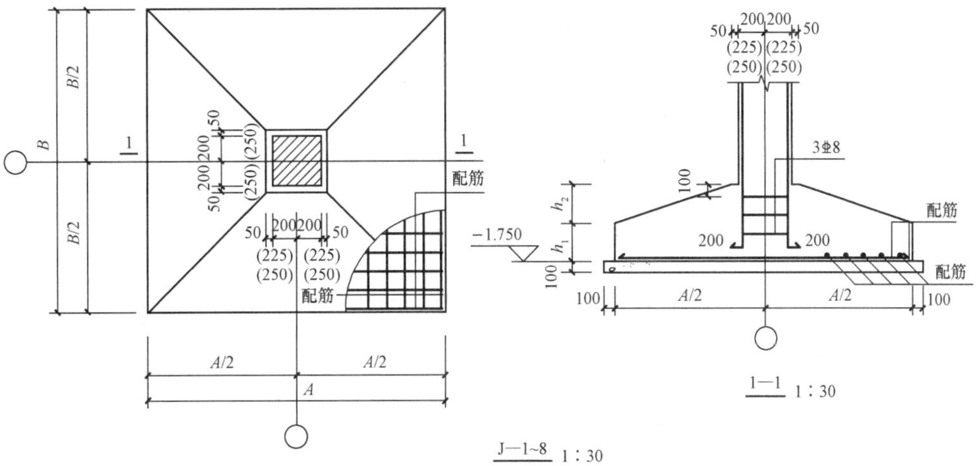

J—1~8 1:30

1—1 1:30

基础号	基础尺寸						配筋	柱断面
	$A/2$	A	$B/2$	B	h_1	H_2		
J—8	2400	4800	2400	4800	500	400	Φ16@130	400×400

参考答案

教学评价	

任务 2-2:根据能力 1 独立基础平法识图内容,完成以下练习任务。

姓名		班级		学号	
工作任务		解析下面图纸中 J—10 的识图			
基础编号					
底部截面平面尺寸					
截面竖向尺寸					
配筋					

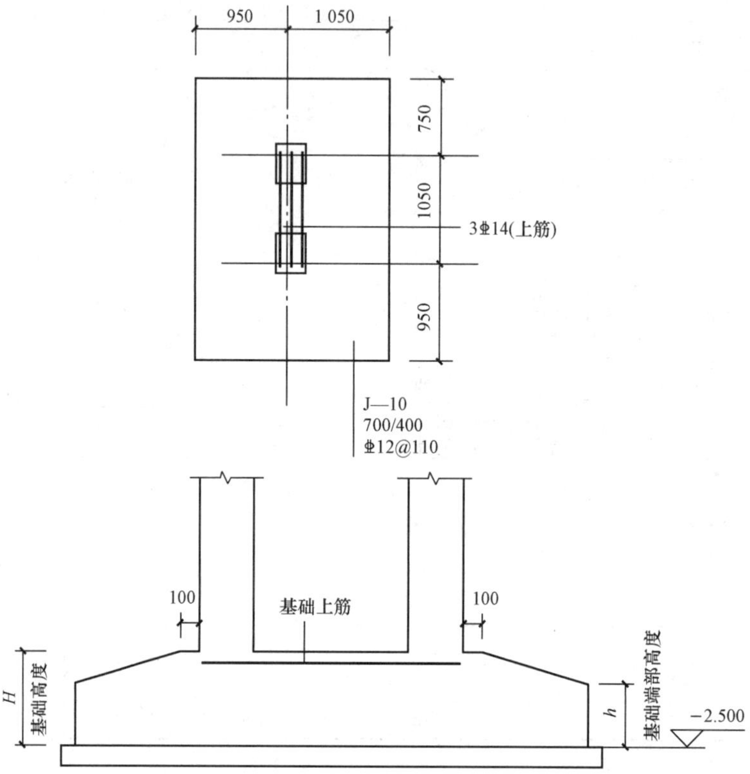

950　1 050

750

1050

3Φ14(上筋)

950

J—10
700/400
Φ12@110

100　基础上筋　100

H　基础高度

h

基础端部高度

−2.500

双柱联合基础剖面示意

参考答案

教学评价	

能力2 能选择和应用独立基础钢筋构造

能力培养

一、独立基础钢筋构造

22G101—3图集第2-11~2-19页讲述独立基础钢筋构造。普通独立基础的底板钢筋构造见表2.1.6,钢筋形式如图2.1.3所示。

表2.1.6 普通独立基础的底板钢筋构造

独立基础钢筋构造	独立基础底板配筋构造
	独立基础底板配筋长度减短10%构造

图2.1.3 普通独立基础钢筋形式

1. 独立基础底板配筋构造

独立基础的底板钢筋距离基础边缘的起步距离:基础边第一根钢筋距离基础边缘应≤$s/2$,且≤75 mm。s为底板钢筋间距,如图2.1.4所示。

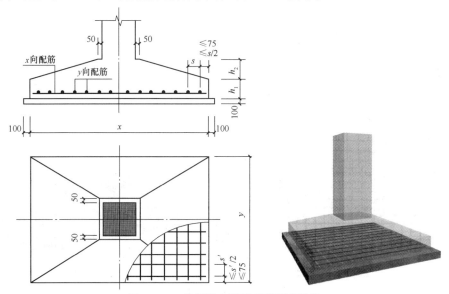

图2.1.4 普通独立基础底板配筋构造

2. 独立基础底板配筋减短 10%钢筋构造

(1)当对称独立基础底板长度≥2500 mm 时,除外侧钢筋外,底板配筋长度可取相应方向底板长度的 0.9 倍,交错放置,如图 2.1.5 所示。

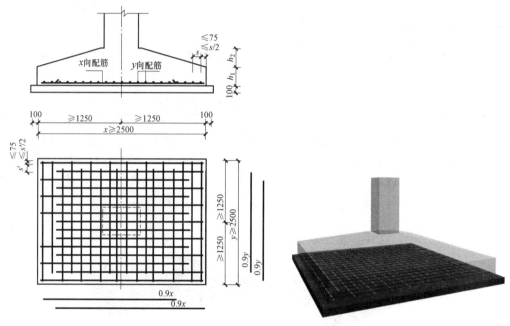

图 2.1.5　对称独立基础底板钢筋减短 10%构造

(2)当非对称独立基础底板长度≥2500 mm,但该基础某侧从柱中心至基础底板边缘的距离<1250 mm 时,钢筋在该侧不应减短,如图 2.1.6 所示。

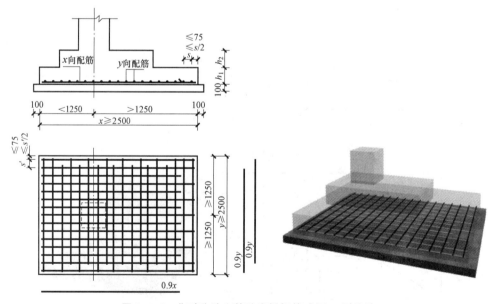

图 2.1.6　非对称独立基础底板钢筋减短 10%构造

二、独立基础钢筋计算公式

独立基础底板钢筋计算公式可以总结归纳为表 2.1.7 和表 2.1.8。

表 2.1.7　普通独立基础底板钢筋计算公式

编号	构造内容	计算公式
1	钢筋长度	x 向受力筋长度＝x 向基础宽度－$2c$ y 向受力筋长度＝y 向基础宽度－$2c$
2	根数	x 向受力筋根数＝$[y$ 向基础宽度－$2\times\min(75,s/2)]/s+1$ y 向受力筋根数＝$[x$ 向基础宽度－$2\times\min(75,s/2)]/s+1$

表 2.1.8　独立基础底板钢筋减短 10%计算公式

编号	构造内容	计算公式
1	钢筋长度	外侧不缩短： x 向受力筋长度＝x 向基础宽度－$2c$ y 向受力筋长度＝y 向基础宽度－$2c$
		缩短 10%： x 向基础宽度$\times0.9$ y 向基础宽度$\times0.9$
2	对称独立基础根数	最外侧均为 2 根
		x 向受力筋根数＝$[y$ 向基础宽度－$2\times\min(75,s/2)]/s+1-2$ y 向受力筋根数＝$[x$ 向基础宽度－$2\times\min(75,s/2)]/s+1-2$
3	非对称独立基础根数	两端均减短:最外侧均为 2 根 内侧受力筋根数＝$[$对向基础宽度－$2\times\min(75,s/2)]/s+1-2$
		一端减短： 长端钢筋根数＝$\{[$对向基础宽度－$2\times\min(75,s/2)]/s+1\}/2$ (注:根数出现单数长筋多一根)

任务 2-3:根据能力 2 独立基础钢筋构造的选择和应用内容,完成以下练习任务。

姓名		班级		学号	
工作任务		文字描述实训办公楼案例结施—04 中 J—8 的钢筋计算公式			
长度					
根数					

J—1~8 1:30

1—1 1:30

基础号	基础尺寸						配筋	柱断面
	$A/2$	A	$B/2$	B	h_1	h_2		
J—8	2400	4800	2400	4800	500	400	$\Phi16@130$	400×400

参考答案

教学评价	

32

能力 3　能计算独立基础钢筋工程量

能力培养

在能力 1 和能力 2 中我们学习了独立基础的识图以及钢筋构造,本节以实训办公楼案例图纸,进行结施—03 中③轴～Ⓐ轴 J—5 的钢筋计算。J—5 平法施工图如图 2.1.7 所示。基础配筋表见表 2.1.9,计算相关条件见表 2.1.10,钢筋计算过程见表 2.1.11。

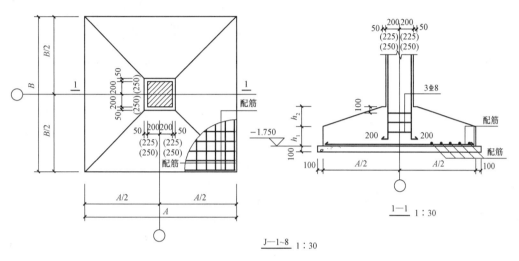

图 2.1.7　J—5 平法施工图

表 2.1.9　基础配筋表

基础号	基础尺寸						配筋	柱断面
	$A/2$	A	$B/2$	B	h_1	h_2		
J—5	1700	3400	1700	3400	400	300	Φ14@130	400×400

表 2.1.10　计算相关条件

条件	参数	来源
混凝土强度等级	C30	结施—01
抗震等级	三级	结施—01
柱截面尺寸	400×400 居中	结施—04
保护层厚度	40	结施—01

表 2.1.11　J—5 钢筋计算过程

钢筋种类	钢筋型号	等级	长度计算公式
x 向钢筋	14	HRB400 级	 判断是否缩减： 　x 边长 3400 mm＞2500 mm,故底板钢筋内侧可减短 10% 长度:外侧 $3400-40×2=3320$(mm) 　　　内侧 $3400×0.9=3060$(mm) 根数:外侧 2 根 　　　内侧 $(3400-130/2×2)/130+1-2=25$(根)
y 向钢筋	14	HRB400 级	判断是否缩减： 　y 边长 3400 mm＞2500 mm,故底板钢筋内侧可减短 10% 长度:外侧 $3400-40×2=3320$(mm) 　　　内侧 $3400×0.9=3060$(mm) 根数:外侧 2 根 　　　内侧 $(3400-130/2×2)/130+1-2=25$(根)

任务 2-4:根据能力 3 独立基础计量中所学内容,完成以下练习任务。

姓名		班级		学号	
工作任务		计算实训办公楼案例结施—04 中 J—8 的各钢筋长度及根数			

构件名称	图示位置	钢筋种类	钢筋直径	等级	长度计算公式	长度	根数计算公式	根数
J—8	③轴/Ⓑ轴	x 方向						
		y 方向						

参考答案

教学评价	

任务2 条形基础平法识图与计量

对条形基础平法施工图进行识图、审图,再进行相关基础钢筋工程量计算工作。

1. 阅读工作任务要求,识读条形基础平法施工图纸,进行图纸分析。

2. 收集《混凝土结构施工图平面整体表示方法制图规则和构造详图(独立基础、条形基础、筏形基础、桩基础)》(22G101—3)、《混凝土结构施工钢筋排布规则与构造详图(独立基础、条形基础、筏形基础、桩基础)》(18G901—3)中有关条形基础的制图规则和钢筋构造部分知识。

3. 结合任务要求分析条形基础平法施工图识读和条形基础钢筋计算的难点和常见问题。

引导问题1:条形基础的分类有哪些?

引导问题2:条形基础平法施工图的表示方法有哪几种?

引导问题3:在条形基础底板的平面注写方式中,集中标注有哪几项必注内容?

引导问题4:条形基础的钢筋有哪几种?

条形基础的分类

条形基础平法施工图的表示方法

条形基础钢筋的分类

带着以上的引导问题,按照钢筋识图→钢筋构造→工程量计算的顺序进入本任务的学习。

能力1 能识读条形基础结构施工图

一、条形基础平面注写方式

条形基础平面注写包括集中标注和原位标注。如图2.2.1所示。

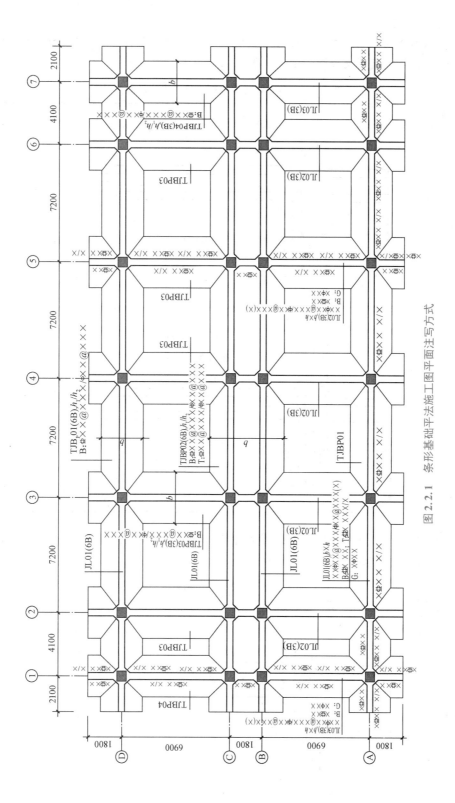

图 2.2.1 条形基础平法施工图平面注写方式

1. 条形基础集中标注

（1）条形基础编号。条形基础梁与底板编号由基础类型代号、序号、跨数及有无外伸几项组成，条形基础编号识图示例见表 2.2.1。

表 2.2.1　条形基础及基础梁编号识图示例

编号	示例	解析
TJBj10	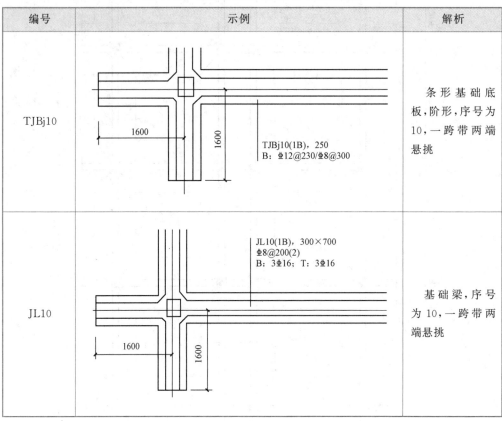	条形基础底板，阶形，序号为 10，一跨带两端悬挑
JL10		基础梁，序号为 10，一跨带两端悬挑

（2）截面尺寸。基础底板注写截面竖向尺寸，基础梁截面尺寸注写 $b \times h$，表示梁截面的宽度与高度，截面尺寸识图示例见表 2.2.2。

表 2.2.2　截面尺寸识图示例

编号	示例	解析
TJBj10	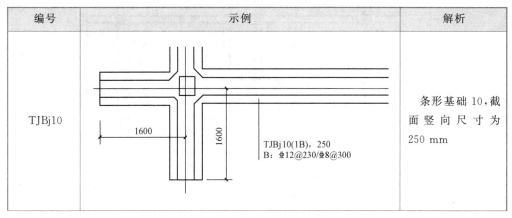	条形基础 10，截面竖向尺寸为 250 mm

编号	示例	解析
JL10	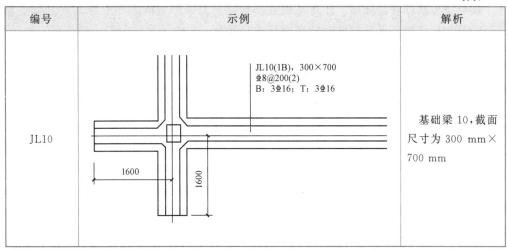 JL10(1B), 300×700 ⊈8@200(2) B: 3⊈16; T: 3⊈16 1600　1600	基础梁10,截面尺寸为 300 mm× 700 mm

（3）配筋。条形基础底板需注明横向受力筋与纵向分布钢筋,基础梁需注明箍筋和底部、顶部及侧面纵向钢筋,配筋识图示例见表 2.2.3。

表 2.2.3　截面尺寸识图示例

编号	示例	解析
TJBj10	1600　1600 TJBj10(1B), 250 B: ⊈12@200/⊈8@300	条形基础10,横向受力筋为 ⊈12@ 200,纵向分布钢筋为 ⊈8@300
JL10	JL10(1B), 300×700 ⊈8@200(2) B: 3⊈16; T: 3⊈16 1600　1600	基础梁10,箍筋为 ⊈8@200(2),底部纵向钢筋为 3⊈16,顶部纵向钢筋为 3⊈16

（4）条形基础底面标高。注写基础底面标高。当条形基础的底面标高与基础底面标高不同时,应将条形基础底面标高直接注写在"（　）"内。

2. 条形基础原位标注

原位注写条形基础底板的平面尺寸。原位标注 b、b_i,$i=1,2,\cdots$。其中,b 为基础底板总宽度,b_i 为基础底板台阶的宽度。当基础底板采用对称于基础梁的坡形截面或单阶形截面时,b_i 可不注。

二、条形基础列表注写方式

对多个同类基础,可采用列表注写（结合截面示意图）的方式进行集中表达。表中内容为基础截面的几何数据和配筋等,在截面示意图上应标注与表中栏目相对应的代号。条形基础案例详见表 2.2.4。

表 2.2.4　条形基础案例

剖面	宽度 b/mm	h_1/mm	h/mm	横向受力筋	分布筋	基底标高/m
1—1	800	250	250	⏀10@200	⏀8@200	−1.500
2—2	2000	300	350	⏀10@130	⏀8@200	−1.500
3—3	2400	300	400	⏀10@120	⏀8@200	−1.500
4—4	3200	300	550	⏀12@120	⏀8@200	−1.500
5—5	3600	300	600	⏀12@110	⏀8@200	−1.500
6—6	3800	300	650	⏀12@100	⏀8@200	−1.500
7—7	2700	300	550	⏀12@120	⏀8@200	−1.500

任务 2-5:根据能力 1 条形基础平法识图内容,完成以下练习任务。

姓名		班级		学号	
工作任务		解析下图案例中 TJ—1 的识图			
基础编号					
截面平面尺寸					
截面竖向尺寸					
配筋					
标高					

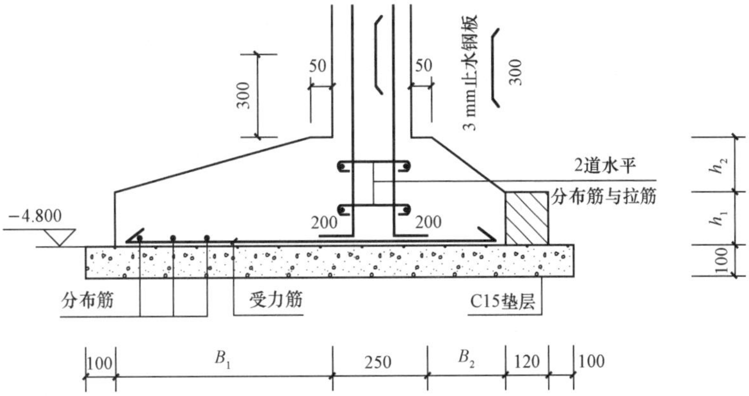

条形基础尺寸及配筋表

基础编号	截面几何尺寸/mm						基础配筋	
	X/2	B_1	B_2	h_1	h_2	基础底标高/m	受力筋	分布筋
TJ—1		1200	550	200	100	−4.800	Φ12@150	Φ8@200

参考答案

教学评价	

任务 2-6:根据能力 1 条形基础平法识图内容,完成以下练习任务。

姓名		班级		学号	
工作任务		解析下图案例中 TJBj10 与基础梁 JL10 的识图			
基础/基础梁编号					
基础/基础梁平面尺寸					
基础/基础梁竖向尺寸					
基础/基础梁配筋					
基础/基础梁顶标高					

JL10(1B),300×700
Φ8@200(2)
B: 3Φ16;T: 3Φ16

TJBj10(1B),250
B: Φ12@200/Φ8@300

说明:

1. 本工程采用柱下条形基础,地基承载力特征值取 $F_{ak}=150$ kPa。

2. 基础混凝土强度等级为 C25,钢筋采用 HRB400。

3. 图中 JL 底面与基础板底面平齐,未注明基底标高均为 -3.730 m。

4. 图中未注明基础梁翼缘(底板)宽度均为 600 mm。

5. 未标明定位尺寸的基础梁均为居轴线中

参考答案

教学评价	

能力2 能选择和应用条形基础钢筋构造

🗐 能力培养

一、条形基础钢筋构造

22G101—3图集第2-20～2-22页讲述条形基础底板各种钢筋构造。本节主讲条形基础的底板钢筋构造,见表2.2.5。

表2.2.5 条形基础的底板钢筋构造

条形基础钢筋构造	条形基础底板配筋构造
	条形基础转角、端部底板配筋构造
	条形基础底板配筋长度减短10％钢筋构造

1. 条形基础底板配筋构造

条形基础的底板配筋构造如图2.2.2所示,钢筋的计算包括长度以及根数。

通过图2.2.2可以总结出底板钢筋距基础边缘和基础梁两侧的起步距离都是:基础边第一根钢筋距离基础边缘应$\leqslant s/2$,且$\leqslant 75$ mm。s为底板钢筋间距。

分布钢筋在基础梁宽范围内不布置,在墙下按间距常规布置,相关的钢筋计算可以总结归纳见表2.2.7(注:钢筋保护层厚度为c,指钢筋两个断面距离混凝土的距离,底板钢筋的排布间距为s,则第一根钢筋距平行的混凝土边缘的距离为"起步距离")。

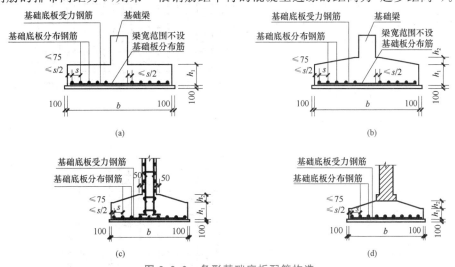

图2.2.2 条形基础底板配筋构造

(a)阶形截面 TJBj;(b)坡形截面 TJBp;(c)剪力墙下条形基础截面;(d)砌体墙下条形基础截面

2. 条形基础转角、端部底板配筋构造

条形基础形成整体基础时必然会出现相交,有外伸时会有单独的端部构造要求,总结为表2.2.6。

表 2.2.6　条形基础转角、端部底板配筋构造

类型	构造要求	钢筋示意
条形基础有基础梁——十字交接基础底板	1. 交接处一方向受力筋在基础梁范围内不布置,另一方向在交接侧布置,布置范围为 $b/4$(剩余部分分布筋通过)。 2. 分布筋在交接处断开,与受力筋搭接长度取 150 mm。 3. 分布筋在梁宽范围内不布置	
条形基础有基础梁——丁字交接基础底板	1. 交接处一方向受力筋在基础梁范围内不布置,另一方向在交接侧布置,布置范围为 $b/4$(剩余部分分布筋通过)。 2. 分布筋在交接处断开,与受力筋搭接长度取 150 mm 3. 分布筋在梁宽范围内不布置	
条形基础有基础梁——转角梁板端部无纵向延伸	1. 交接处两向受力钢筋相互交叉形成钢筋网。 2. 分布筋在交接处断开,与受力筋搭接长度取 150 mm	

类型	构造要求	钢筋示意
条形基础有基础梁——无交接底板	1. 端部变为横纵受力钢筋网。 2. 分布筋在交接处断开,与受力筋搭接长度取 150 mm	
墙下条形基础——转角处墙基础底板	1. 交接处两向受力钢筋相互交叉形成钢筋网。 2. 分布筋在交接处断开,与受力筋搭接长度取 150 mm。 3. 分布筋在底板范围内均布置	
墙下条形基础——丁字交接基础底板	1. 交接处一方向受力筋全通布置,另一方向受力筋在交接侧布置范围为 $b/4$(剩余部分分布筋通过)。 2. 分布筋在交接处断开,墙与受力筋搭接长度取 150 mm。 3. 分布筋在底板范围内均布置	

45

类型	构造要求	钢筋示意
墙下条形基础——十字交接基础底板	1. 交接处一方向受力筋全通布置,另一方向在交接侧布置,布置范围为 $b/4$(剩余部分分布筋通过)。 2. 分布筋在交接处断开,与受力筋搭接长度取 150 mm。 3. 分布筋在底板范围内均布置	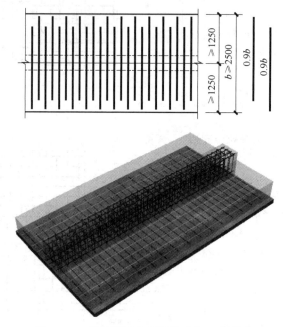

3. 条形基础底板配筋减短 10% 钢筋构造

当条形基础底板宽度≥2500 mm 时,除端部第一根钢筋外,受力筋长度可取底板宽度的 0.9 倍,交错放置,如图 2.2.3 所示。

图 2.2.3　条形基础底板钢筋减短 10% 构造

二、条形基础钢筋计算公式

条形基础底板钢筋计算公式可以总结归纳为表 2.2.7 和表 2.2.8。

表 2.2.7　条形基础底板钢筋计算公式

编号	构造内容	计算公式
1	钢筋长度	受力筋长度＝基础宽度－$2c$ (以一个条形基础为例,未考虑交接等情况) 分布筋长度＝基础长度－$2c$
2	起步距离	$\min(75, s/2)$
3	根数	受力筋根数＝[基础长度－$2\times\min(75, s/2)$]/s＋1 分布筋根数(有梁)＝{[基础宽度/2－基础梁宽/2－$2\times\min(75, s/2)$]/s＋1}×2 分布筋根数(无梁)＝[基础宽度－$2\times\min(75, s/2)$]/s＋1

表 2.2.8　条形基础底板钢筋减短 10% 计算公式

编号	构造内容	计算公式
1	受力筋	钢筋长度: 端部受力筋长度＝基础宽度－$2c$ 内侧受力筋长度＝基础宽度×0.9
		钢筋根数:(以一个条形基础为例,未考虑交接等情况) 端部:2 根 内侧根数＝[基础长度－$2\times\min(75, s/2)$]/s＋1－2
2	分布筋	(以一个条形基础为例,未考虑交接等情况) 分布筋长度＝基础长度－$2c$
		分布筋根数(有梁)＝{[基础宽度/2－基础梁宽/2－$2\times\min(75, s/2)$]/s＋1}×2 分布筋根数(无梁)＝[基础宽度－$2\times\min(75, s/2)$]/s＋1

任务 2-7:根据能力 2 条形基础钢筋构造的选择和应用内容,完成以下练习任务。

姓名		班级		学号	
工作任务		文字描述下图案例中 TJ—1 的钢筋计算公式			
长度					
根数					

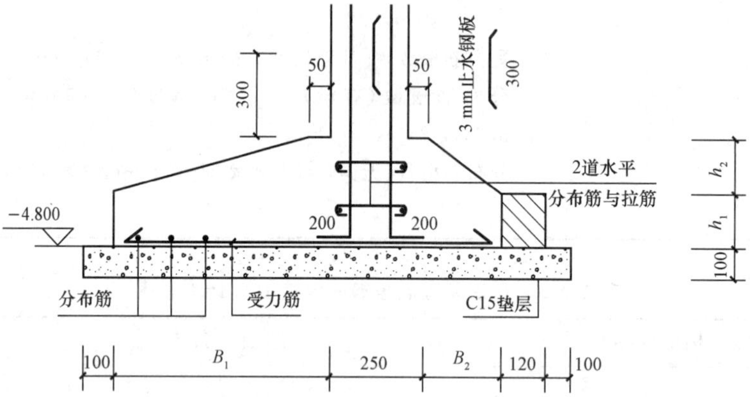

条形基础尺寸及配筋表

基础编号	截面几何尺寸/mm						基础配筋	
	$X/2$	B_1	B_2	h_1	h_2	基础底标高/m	受力筋	分布筋
TJ—1		1200	550	200	100	−4.800	Φ12@150	Φ8@200

参考答案

教学评价	

任务 2-8:根据能力 2 条形基础钢筋构造的选择和应用内容,完成以下练习任务。

姓名		班级		学号	
工作任务		文字描述下图案例中 TJBj 的钢筋计算公式			
受力筋长度					
分布钢筋根数					

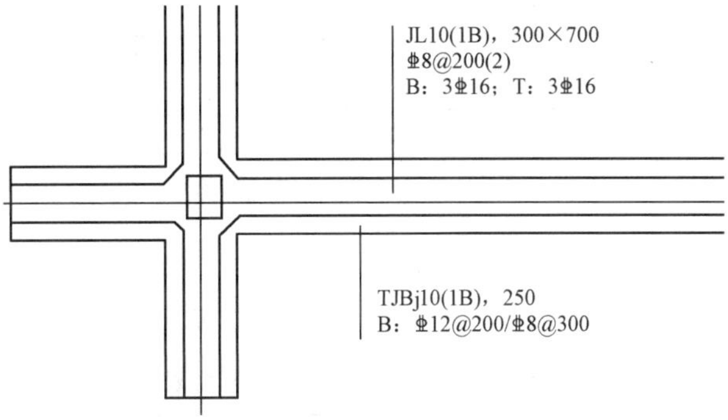

JL10(1B),300×700
Φ8@200(2)
B:3Φ16;T:3Φ16

TJBj10(1B),250
B:Φ12@200/Φ8@300

说明:

1. 本工程采用柱下条形基础,地基承载力特征值取 $F_{ak}=150$ kPa。

2. 基础混凝土强度等级为 C25,钢筋采用 HRB400。

3. 图中 JL 底面与基础板底面平齐,未注明基底标高均为−3.730 m。

4. 图中未注明基础梁翼缘(底板)宽度均为 600 mm。

5. 未标明定位尺寸的基础梁均为居轴线中

参考答案

教学评价	

能力 3　能计算条形基础钢筋工程量

能力培养

在能力 1 和能力 2 中我们学习了条形基础的识图以及钢筋构造,本节以 TJ—1a 平法施工图(图 2.2.4)为例,进行 TJ—1a 的钢筋计算。条形基础尺寸及配筋表见表 2.2.9,计算相关条件见表 2.2.10。TJ—1a 钢筋计算过程见表 2.2.11。

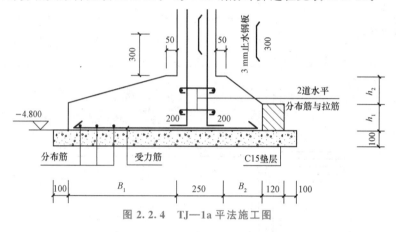

图 2.2.4　TJ—1a 平法施工图

表 2.2.9　条形基础尺寸及配筋表

基础编号	截面几何尺寸/mm						基础配筋	
	$X/2$	B_1	B_2	h_1	h_2	基础底标高/m	受力筋	分布筋
TJ—1a		680	550	200	100	−4.800	⊈12@200	⊈8@200
TJ—1		1200	550	200	100	−4.800	⊈12@200	⊈8@200

表 2.2.10　已知计算相关条件

条件	参数	条件	参数	条件	参数
基础长度/mm	5000	基础梁	无	保护层厚度/mm	40

表 2.2.11　TJ—1a 钢筋计算过程

钢筋种类	钢筋直径/mm	等级	长度计算公式
受力筋	12	HRB400 级	判断是否缩减: 底板宽度 680+550+250＜2500 mm,故底板受力钢筋不可减短 10%
			长度:680+550+250−40×2=1400(mm)
			根数:(5000−75×2)/150+1=34(根)
分布筋	8	HRB400 级	长度:5000−40×2=4920(mm)
			根数:(680+550+250−75×2)/200+1=8(根)

任务实施

任务 2-9:根据能力 3 条形基础计量中所学内容,完成以下练习任务。

姓名		班级		学号	
工作任务		根据图 2.2.4、表 2.2.9 和表 2.2.10,计算 TJ—1 的各钢筋长度及根数			

构件名称	长度/mm	钢筋种类	钢筋直径	等级	长度计算公式	长度	根数计算公式	根数
TJ—1	7800	受力筋						
		分布筋						

参考答案

教学评价	

筷形基础识图

桩承台基础识图

大国工匠管延安:"超级工程"走出的"大国工匠"

▶ 复习思考题

选择题

1. 锥形杯口独立基础的编号为(　　)。

　　A. DJj

　　B. DJz

　　C. BJj

　　D. BJz

2. 下列关于独立基础的钢筋构造说法正确的是(　　)。

　　A. 独立基础的钢筋从基础边缘 $\min(s/2, 75)$ 处开始布置

　　B. 独立基础的钢筋从基础边缘 $\max(s/2, 75)$ 处开始布置

　　C. 独立基础的钢筋从基础边缘 $s/2$ 处开始布置

　　D. 独立基础的钢筋从基础边缘 75 mm 处开始布置

3. 下列不属于注写独立基础配筋的内容的是(　　)。

　　A. 注写独立基础底板配筋

　　B. x 向配筋以 X 打头,y 向配筋以 Y 打头注写

　　C. 以 B 代表各种独立基础底板的底部配筋

　　D. 阶形截面高杯口独立基础竖向尺寸

4. 当独立基础底板长度≥(   )mm 时,除外侧钢筋外,底板配筋长度可取相应的方向底板长度的 0.9 倍。

    A. 1500   B. 2000

    C. 2500   D. 3000

5. (多选)根据 22G101—1 图集所述,在平面布置图上表示各构件尺寸和配筋的方式,分为(   )。

    A. 平面注写方式

    B. 列表注写方式

    C. 截面注写方式

    D. 三维示意图注写方式

6. 坡形条形基础底板编号为(   )。

    A. JL   B. TJBP

    C. TJBj   D. TJBz

7. 基础底面钢筋标注为 B：XΦ14@150   YΦ14@200, x 向和 y 向间距为 (   )mm。

    A. 150,150   B. 200,200

    C. 150,200   D. 200,150

8. 下列不是条形基础集中标注的必注内容的是(   )。

    A. 条形基础底板编号   B. 截面竖向尺寸

    C. 配筋   D. 条形基础底板底面标高

9. 锥形独立基础集中标注 300/200,其根部高度是(   )mm。

    A. 300   B. 200

    C. 500   D. 100

10. 关于钢筋混凝土条形基础钢筋布置,说法正确的是(   )。

    A. 短钢筋为分布筋,长钢筋为受力筋

    B. L 形拐角处,底板横向短筋应沿两个方向布置

    C. 丁字形、十字形交接处,底板横向短筋应沿两个方向通长布置

    D. 条形基础的钢筋从基础边缘 $\max(s/2,75)$ 处开始布置

参考答案

评价反馈

　　评价是否能完成基础平法施工图识读、基础钢筋构造的选择和应用,以及基础钢筋计量的学习;是否能完成各项任务、有无任务遗漏。学生进行自我评价,教师对学生进行评价,并将结果填入表中。

班级:	姓名:		学号:		
学习项目	基础平法识图与计量				
序号	评价项目	评分标准	满分	自评	师评
1	基础的分类	能根据不同类型工程,判断基础的类别	5		
2	独立基础的分类	能根据不同形式,判断独立基础的类别	5		
3	独立基础的平面注写方式	能正确识读平面注写方式的独立基础	5		
4	独立基础的截面注写方式	能正确识读截面注写方式的独立基础	5		
5	独立基础的列表注写方式	能正确识读列表注写方式的独立基础	5		
6	条形基础的平面注写方式	能正确识读平面注写方式的条形基础	5		
7	条形基础的列表注写方式	能正确识读列表注写方式的条形基础	5		
8	独立基础底板配筋构造	能根据图纸理解并正确选择相关钢筋构造	10		
9	条形基础底板配筋构造	能根据图纸理解并正确选择相关钢筋构造	10		
10	独立基础钢筋计算	能根据图纸计算相关钢筋工程量	10		
11	条形基础钢筋计算	能根据图纸计算相关钢筋工程量	5		
12	工作态度	态度端正,无无故缺勤、迟到、早退情况,专业严谨、规范意识	10		
13	团队协作、合理分工能力	与小组成员、同学之间能合作交流,协调工作	10		
14	创新意识	通过阅读22G101系列平法图集,能更好地理解图纸内容	10		
15	合计		100		

情境 3

柱平法识图与计量

引例

引例思考:柱钢筋工程量计算,都需要掌握哪些基本知识?

某项目施工方办公室

洋洋:玲玲,我给甲方报进度工程量,在审核的时候我们有一些争议点,你能帮我分析一下柱钢筋吗?

玲玲:柱钢筋有哪些争议?

洋洋:我打开图集跟你说,你看在 16G101—3 中,柱纵向钢筋在基础中锚固构造这一页,里面的节点 b 或者节点 d 都表示当保护层厚度≤5d 的时候,基础内的柱箍筋应该是加密的,根据右侧注解,间距≤10d 且≤100 mm,我们的基础保护层才 40 mm,肯定<5d 啊,但是我按照加密的计算,甲方不认可。

玲玲:这个问题在刚工作的时候,我也纠结过,你用 a 节点和 b 节点做对比就知道了,a 节点柱是在基础中间的,b 节点柱是偏心的,所以这个 5d 指的不是基础底面的保护层,是柱侧边的保护层。

洋洋:可是并没有说明啊!

玲玲:因为我们的工程是按照 16G101 施工的,但是现在发行了新的 22G101 系列平法图集,这里面将这个部位做了解释。

洋洋:是吗? 我看一下! 还真的是,在 b 节点和 d 节点上写着自柱纵向钢筋外皮算起≤5d!

玲玲:是呀,就因为大家有争议,所以在新的规范里做出了标注。

洋洋:那以后 16G101 不是很明确的位置,我是不是都可以参考一下 22G101 啊?

玲玲:标注不详细的可以参考,但是数值变化的还是要执行之前的,毕竟我们的合同是这样签订的!

洋洋:好的!

知识目标

1. 掌握柱平法制图规则;

2. 熟悉柱的相关钢筋构造;

3. 掌握框架柱钢筋工程量的计算方法。

导读

能力目标

1. 能够正确运用平法图集,准确查找柱相关各数据;
2. 能识读柱结构施工图中相关信息;
3. 能根据工程特点,选择合适的钢筋构造做法;
4. 能根据柱的结构施工图,计算柱的钢筋工程量。

素质目标

1. 培养学生良好的学习习惯和学习方法;
2. 培养学生将理论知识运用于实践的能力;
3. 培养学生空间思维能力;
4. 培养学生专业、严谨的态度;
5. 培养学生的规范意识;
6. 培养学生团队协作、合理分工能力。

思维导图

情境3 柱平法识图与计量 —— 任务1 框架柱平法识图与计量

能力1 能识读框架柱结构施工图

能力2 能选择和应用框架柱钢筋构造

能力3 能计算框架柱钢筋工程量

任务 1　框架柱平法识图与计量

任务要求

对实训办公楼结构图中柱平法施工图进行识图、审图,再进行相关框架柱钢筋工程量计算工作。

工作准备

1. 阅读工作任务要求,识读框架柱平法施工图纸,进行图纸分析。
2. 收集《混凝土结构施工图平面整体表示方法制图规则和构造详图(现浇混凝土框架、剪力墙、梁、板)》(22G101—1)、《混凝土结构施工钢筋排布规则与构造详图(现浇混凝土框架、剪力墙、梁、板)》(18G901—1)中有关框架柱的制图规则和钢筋构造部分知识。
3. 结合任务要求分析框架柱平法施工图识读和框架柱钢筋计算的难点和常见问题。

引导问题1:柱的分类有哪些?

引导问题2:框架柱的钢筋种类有哪些?

引导问题3:框架柱平法施工图的表示方式有哪几种?

引导问题4:框架柱嵌固部位不在基础顶面时,图纸如何表示?

引导问题5:柱列表注写方式中,内容有哪些?

引导问题6:柱截面注写方式中,柱的分段截面尺寸不同,是否可将其编为同一柱号?

| 柱的分类 | 框架柱钢筋的分类 | 柱嵌固部位 | 柱平法施工图的表示方法 |

带着以上引导问题学习视频后,按照识图→钢筋构造→工程量计算的顺序进入本任务的学习。

能力1 能识读框架柱结构施工图

📋 能力培养

一、柱列表注写方式

柱平法施工图列表注写方式如图 3.1.1 所示。

柱列表注写方式

柱截面注写方式

1. 柱编号

柱编号由柱类型代号、序号组成,柱编号识图示例见表 3.1.1。

表 3.1.1　柱编号识图示例

编号	示例		解析
KZ1	柱号	标高/m	框架柱,序号为1; 芯柱,序号为1
	KZ1	−4.530~−0.030	
		−0.030~19.470	
		19.470~37.470	
		37.470~59.070	
	XZ1	−4.530~8.670	

2. 各段柱的起止标高

注写各段柱的起止标高,自柱根部往上以变截面位置或截面未变但配筋改变处为界分段注写,各段柱的起止标高识图示例见表 3.1.2。

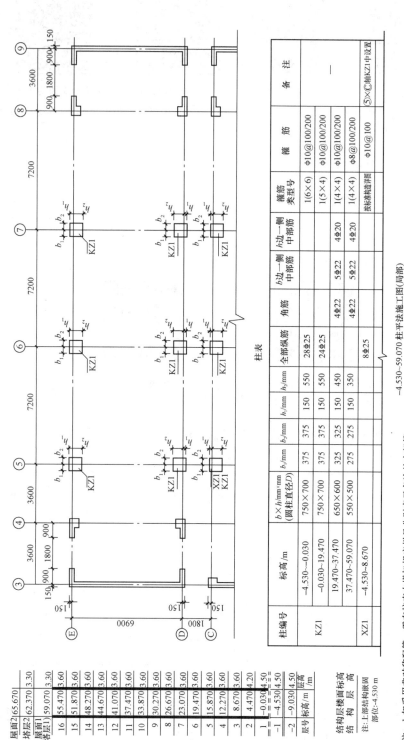

柱表

柱编号	标高/m	$b \times h/mm$（圆柱直径D）	b_1/mm	b_2/mm	h_1/mm	h_2/mm	全部纵筋	角筋	b边一侧中部筋	h边一侧中部筋	箍筋类型号	箍筋	备注
KZ1	-4.530—-0.030	750×700	375	375	150	550	28Φ25				1(6×6)	Φ10@100/200	—
	-0.030-19.470	750×700	375	375	150	550	24Φ25				1(5×4)	Φ10@100/200	
	19.470-37.470	650×600	325	325	150	450		4Φ22	5Φ22	4Φ20	1(4×4)	Φ10@100/200	
	37.470-59.070	550×500	275	275	150	350		4Φ22	5Φ22	4Φ20	1(4×4)	Φ8@100/200	
XZ1	-4.530-8.670						8Φ25				按标准构造详图	Φ10@100	⑤×Ⓒ轴KZ1中设置

-4.530-59.070 柱平法施工图工图(局部)

注：1. 如采用非对称配筋，需在柱表中增加相应栏目分别表示各边的中部筋。
2. 箍筋对纵筋至少隔一拉一。
3. 本页示例表示地下一层(-1层)、首层(1层) 柱端箍筋加密区长度范围及围纵筋
连接位置均按嵌固部位要求设置。
4. 层高表中，竖向粗线表示本页柱的起止标高为-4.530-59.070 m 所在层为-1~16层。

图 3.1.1 柱平法施工图列图表注写方法

结构层楼面标高
结构层高

层号	标高/m	层高/m
屋面2	65.670	
塔层2	62.370	3.30
屋面1（塔层1）	59.070	3.30
16	55.470	3.60
15	51.870	3.60
14	48.270	3.60
13	44.670	3.60
12	41.070	3.60
11	37.470	3.60
10	33.870	3.60
9	30.270	3.60
8	26.670	3.60
7	23.070	3.60
6	19.470	3.60
5	15.870	3.60
4	12.270	3.60
3	8.670	3.60
2	4.470	4.20
1	-0.030	4.50
-1	-4.530	4.50
-2	-9.030	4.50

注：上部结构嵌固部位：-4.530 m

表 3.1.2　各段柱的起止标高识图示例

编号	示例		解析
KZ1	<table><tr><td>柱号</td><td>标高/m</td></tr><tr><td rowspan="4">KZ1</td><td>−4.530~−0.030</td></tr><tr><td>−0.030~19.470</td></tr><tr><td>19.470~37.470</td></tr><tr><td>37.470~59.070</td></tr><tr><td>XZ1</td><td>−4.530~8.670</td></tr></table>		框架柱 1,分为 4 段,第一段为−4.530~−0.030 m;第二段 为 − 0.030~19.470 m;第三段 为 19.470~37.470 m;第四段为 37.470~59.070 m

3. 截面尺寸

(1)矩形柱:注写柱截面尺寸 $b×h$ 及与轴线关系的几何参数代号 b_1、b_2 和 h_1、h_2 的具体数值,需对应于各段柱分别注写,几何参数代号位置如图 3.1.2 所示,截面尺寸识图示例见表 3.1.3。

(2)圆柱:表中 $b×h$ 一栏改用在圆柱直径数字前加 d 表示。

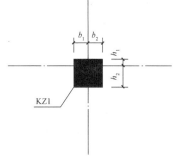

图 3.1.2　矩形柱截面尺寸

表 3.1.3　截面尺寸识图示例

编号	示例							解析
KZ1	<table><tr><td>柱号</td><td>标高/m</td><td>b×h/mm×mm (圆柱直径D)</td><td>b₁/mm</td><td>b₂/mm</td><td>h₁/mm</td><td>h₂/mm</td></tr><tr><td rowspan="4">KZ1</td><td>−4.530~−0.030</td><td>750×700</td><td>375</td><td>375</td><td>150</td><td>550</td></tr><tr><td>−0.030~19.470</td><td>750×700</td><td>375</td><td>375</td><td>150</td><td>550</td></tr><tr><td>19.470~37.470</td><td>650×600</td><td>325</td><td>325</td><td>150</td><td>450</td></tr><tr><td>37.470~59.070</td><td>550×500</td><td>275</td><td>275</td><td>150</td><td>350</td></tr><tr><td>XZ1</td><td>−4.530~8.670</td><td></td><td></td><td></td><td></td><td></td></tr></table>							框架柱 1,第一段为−4.530~−0.030 m 标高处,截面宽度为 750 mm,其中 b_1、b_2 均为 375 mm;截面高度为 700 mm,其中 h_1 为 150 mm、h_2 为 550 mm

4. 柱纵筋

柱纵筋识图示例见表 3.1.4。

表 3.1.4　柱纵筋识图示例

编号	示例										
KZ1	柱号	标高/m	b×h/mm×mm (圆柱直径D)	b₁/mm	b₂/mm	h₁/mm	h₂/mm	全部纵筋	角筋	b 边一侧中部筋	h 边一侧中部筋
	KZ1	−4.530~−0.030	750×700	375	375	150	550	28Φ25			
		−0.030~19.470	750×700	375	375	150	550	24Φ25			
		19.470~37.470	650×600	325	325	150	450		4Φ22	5Φ22	4Φ20
		37.470~59.070	550×500	275	275	150	350		4Φ22	5Φ22	4Φ20
	XZ1	−4.530~8.670						8Φ25			

编号	示例
解析	框架柱1,标高−4.530～−0.030 m处,全部纵筋为28Φ25,全部纵筋直径相同,各边根数也相同;标高 19.470～37.470 m处,角筋为4Φ22,b 边一侧中部筋为5Φ22,h 边一侧中部筋为 4Φ20,直径不同,各边根数也不同

5. 柱箍筋

注写柱箍筋,包括钢筋级别、直径与间距。

(1)用斜线"/"区分柱端箍筋加密区与柱身非加密区长度范围内箍筋的不同间距,箍筋形式如图 3.1.3 所示,箍筋识图示例见表 3.1.5。

(2)当箍筋沿柱全高为一种间距时,则不使用斜线"/"。如 φ10@100,表示沿柱全高范围内箍筋均为 HPB300 级钢筋,钢筋直径为 10 mm,间距为 100 mm。

(3)当圆柱采用螺旋箍筋时,需在箍筋前加"L"。如 Lφ10@100/200,表示采用螺旋箍筋,HPB300 级钢筋,钢筋直径为 10 mm,加密区间距为 100 mm,非加密区间距为 200 mm。

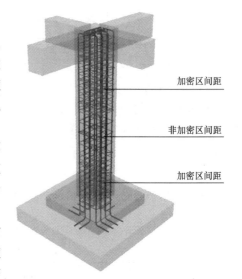

加密区间距

非加密区间距

加密区间距

图 3.1.3 柱箍筋形式

表 3.1.5 柱箍筋识图示例

编号	示例
KZ1	<table><thead><tr><th>柱号</th><th>标高/m</th><th>$b×h$/mm×mm (圆柱直径D)</th><th>b_1/mm</th><th>b_2/mm</th><th>h_1/mm</th><th>h_2/mm</th><th>全部纵筋</th><th>角筋</th><th>b边一侧中部筋</th><th>h边一侧中部筋</th><th>箍筋类型号</th><th>箍　筋</th></tr></thead><tbody><tr><td rowspan="4">KZ1</td><td>−4.530~−0.030</td><td>750×700</td><td>375</td><td>375</td><td>150</td><td>550</td><td>28Φ25</td><td></td><td></td><td></td><td>1(6×6)</td><td>φ10@100/200</td></tr><tr><td>−0.030~19.470</td><td>750×700</td><td>375</td><td>375</td><td>150</td><td>550</td><td>24Φ25</td><td></td><td></td><td></td><td>1(5×4)</td><td>φ10@100/200</td></tr><tr><td>19.470~37.470</td><td>650×600</td><td>325</td><td>325</td><td>150</td><td>450</td><td></td><td>4Φ22</td><td>5Φ22</td><td>4Φ20</td><td>1(4×4)</td><td>φ10@100/200</td></tr><tr><td>37.470~59.070</td><td>550×500</td><td>275</td><td>275</td><td>150</td><td>350</td><td></td><td>4Φ22</td><td>5Φ22</td><td>4Φ20</td><td>1(4×4)</td><td>φ8@100/200</td></tr><tr><td>XZ1</td><td>−4.530~8.670</td><td></td><td></td><td></td><td></td><td></td><td>8Φ25</td><td></td><td></td><td></td><td>按标准构造详图</td><td>φ10@100</td></tr><tr><td></td><td></td><td></td><td></td><td></td><td></td><td></td><td></td><td></td><td></td><td></td><td></td><td></td></tr></tbody></table>
解析	框架柱1,标高−4.530～−0.030 m处,箍筋类型为型号 1(6×6 肢箍),φ10 钢筋,加密区间距100 mm,非加密区间距200 mm;标高−0.030～19.470 m 处箍筋类型为型号 1(5×4 肢箍);标高 19.470～37.470 m 处,箍筋类型为型号 1(4×4 肢箍);标高 37.470～59.070 m 处,箍筋类型为型号 1(4×4 肢箍),φ8 钢筋,加密区间距 100 mm,非加密区间距 200 mm

二、截面注写方式

截面注写方式是在柱平面布置图的柱截面上,分别在同一编号的柱中选择一个截面,以直接注写截面尺寸和配筋具体数值的方式来表达柱平法施工图(图 3.1.4)。

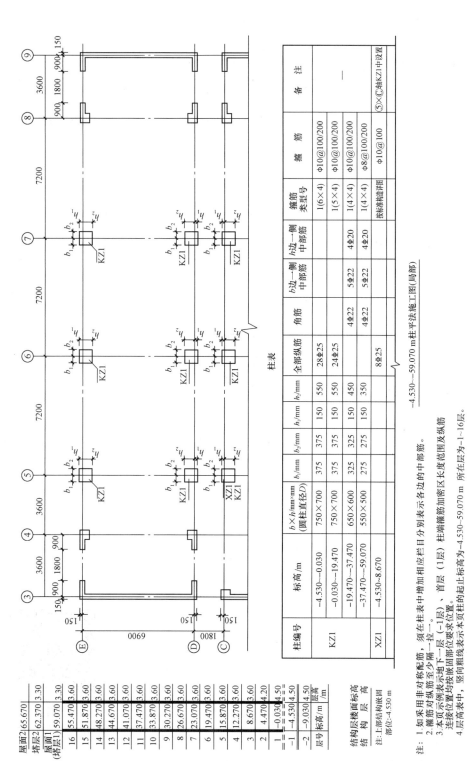

柱表

柱编号	标高/m	$b \times h$/mm×mm (圆柱直径D)	h_1/mm	h_2/mm	b_1/mm	b_2/mm	全部纵筋	角筋	b边一侧中部筋	h边一侧中部筋	箍筋类型号	箍筋	备注
KZ1	-4.530~-0.030	750×700	375	375	150	550	28Φ25				1(6×4)	Φ10@100/200	
	-0.030~19.470	750×700	375	375	150	550	24Φ25				1(5×4)	Φ10@100/200	
	19.470~37.470	650×600	325	325	150	450		4Φ22	5Φ22	4Φ20	1(4×4)	Φ10@100/200	—
	37.470~59.070	550×500	275	275	150	350		4Φ22	5Φ22	4Φ20	1(4×4)	Φ8@100/200	
XZ1	-4.530~-8.670						8Φ25				按标准构造详图	Φ10@100	⑤×Ⓒ轴KZ1中设置

-4.530~-59.070 m柱平法施工图(局部)

图 3.1.4 柱平法施工图示例(截面注写方式)

注：1.如采用非对称配筋，须在柱表中增加相应栏目分别表示各边的中部筋。
　　2.箍筋对纵筋至少隔一拉一。
　　3.本页示例表示地下一层(-1层)、首层(1层)柱端箍筋加密区长度范围及纵筋连接位置均按埋固部位要求设置。
　　4.层高表中，竖向粗线表示本页柱的起止标高为-4.530~59.070 m，所在层为1~16层。

任务 3-1：根据能力 1 框架柱平法识图内容，完成以下练习任务。

姓名		班级		学号	
工作任务		解析实训办公楼案例结施—07 中 KZ1 的截面注写含义			
KZ1					
400×400					
12Φ20					
Φ8@100/200					

KZ1
400×400
12Φ20
Φ8@100/200

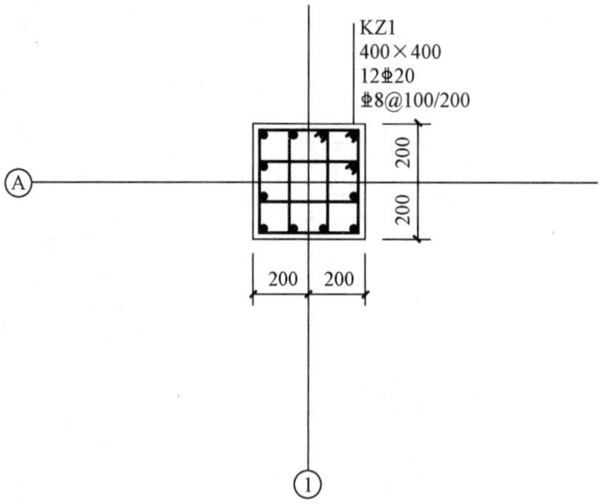

参考答案

教学评价	

任务 3-2:根据能力 1 框架柱平法识图内容,完成以下练习任务。

姓名		班级		学号	
工作任务		把图中 KZ3 截面注写内容转换为列表注写方式			

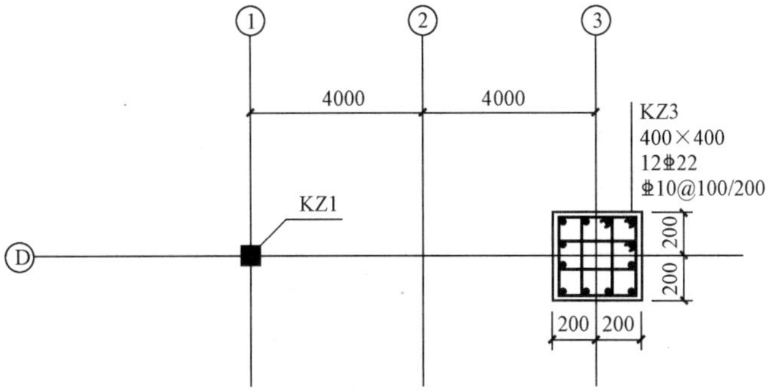

KZ3
400×400
12Φ22
Φ10@100/200

KZ1

200 200
200 200

4000 4000

基础顶~7.17 m柱平法施工图

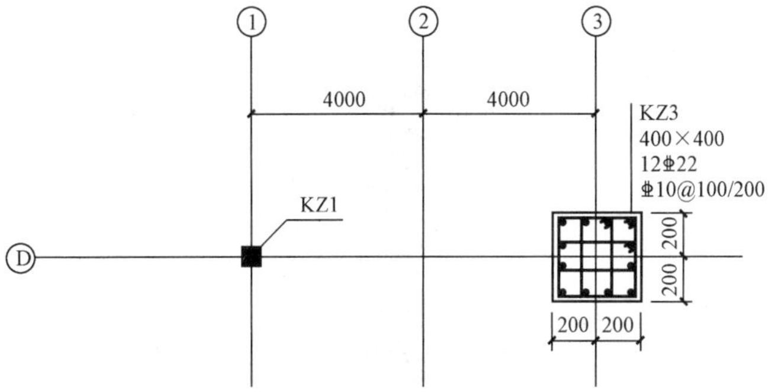

KZ3
400×400
12Φ22
Φ10@100/200

KZ1

200 200
200 200

4000 4000

7.17~15.9 m柱平法施工图

柱号	标高	$b×h$	b_1	b_2	h_1	h_2	角筋	b 边一侧纵筋	h 边一侧纵筋	箍筋

参考答案

教学评价	

能力2　能选择和应用框架柱钢筋构造

能力培养

一、框架柱钢筋构造

22G101—1图集第2-9～2-18页讲述柱纵向钢筋连接构造、柱顶纵向钢筋构造及柱箍筋构造，22G101—3图集第2-10页讲述柱纵向钢筋在基础中钢筋构造，包含钢筋及构造见表3.1.6，钢筋形式如图3.1.5所示。

表3.1.6　框架柱钢筋构造

		柱纵向钢筋在基础中钢筋构造
框架柱钢筋构造	纵筋构造	柱身纵筋连接构造
		柱顶纵筋构造
	柱箍筋构造	

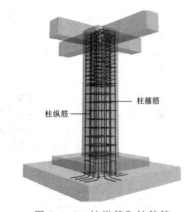

图3.1.5　柱纵筋和柱箍筋

1. 柱纵向钢筋在基础中钢筋构造

柱纵向钢筋在基础中钢筋构造根据基础高度不同，弯折长度不同。钢筋构造如图3.1.6和图3.1.7所示。

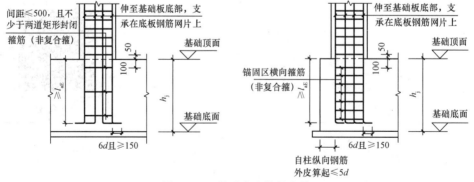

图3.1.6　基础高度满足直锚

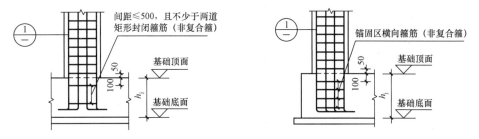

图 3.1.7　基础高度不满足直锚

2. 柱身纵筋连接构造

（1）三种连接方式的非连接区是完全一致的。嵌固部位非连接区长度≥$H_n/3$，梁下非连接区长度需≥$\max(H_n/6, h_c, 500)$。其他各层框架柱非连接区长度需≥$\max(H_n/6, h_c, 500)$。其中，H_n为框架柱净高；h_c为框架柱截面长边尺寸（圆柱为截面直径）。

（2）接头相互错开距离。绑扎搭接为$0.3l_{lE}$，机械连接为$35d$，焊接为≥500 mm 且≥$35d$。框架柱纵向钢筋连接构造（地上部分），如图3.1.8所示。

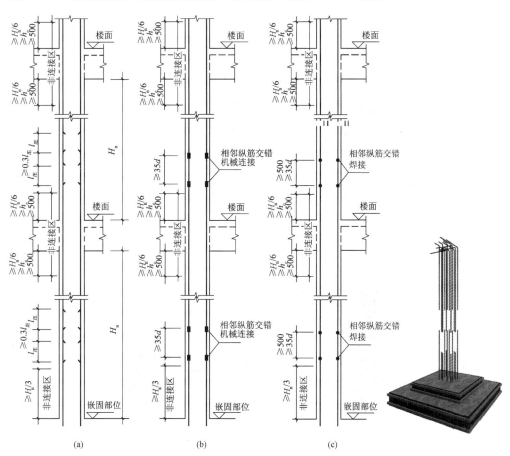

图 3.1.8　框架柱纵向钢筋连接构造（地上部分）
(a)绑扎搭接；(b)机械连接；(c)焊接

3. 柱顶纵筋构造

根据柱和梁的平面位置,柱分为中柱、边柱和角柱(图 3.1.9)。根据纵筋在柱截面中的位置,分为柱内侧纵筋和柱外侧纵筋,框架柱有梁连接的一侧为内侧,无梁连接的一侧为外侧。

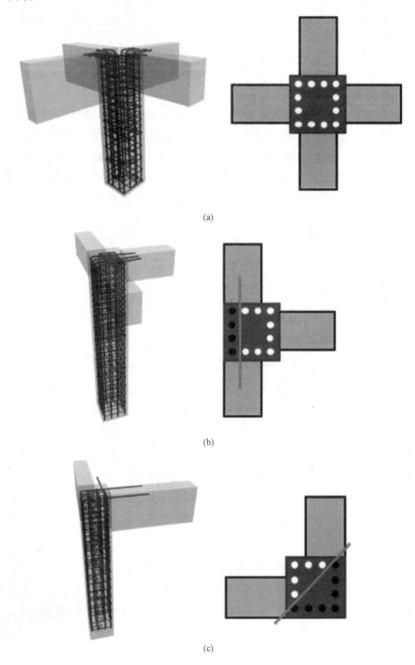

(a)

(b)

(c)

图 3.1.9　柱顶纵筋构造

(a)中柱;(b)边柱;(c)角柱

(1)中柱柱顶纵筋构造。中柱柱顶纵筋构造分①、②、③、④四种,如图 3.1.10 所示。设计未注明采用哪种构造时,施工人员应根据实际情况正确选用。

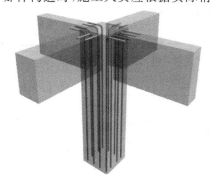

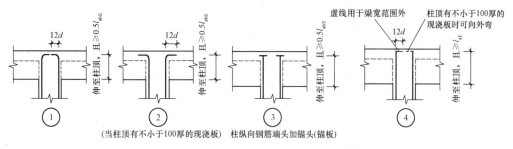

图 3.1.10 框架柱中柱柱顶纵向钢筋构造

(2)边角柱顶纵筋构造。边角柱顶内侧纵筋构造与中柱柱顶纵筋构造相同。

边角柱顶外侧纵筋构造分为以下三种情况。

1)柱外侧纵筋向上伸至梁上部纵筋处,水平弯折向梁内延伸;柱纵筋自梁底算起,与梁上部纵筋弯折搭接总长度为 $\geq 1.5 l_{abE}$。当 $1.5 l_{abE}$ 值超过柱内侧边缘时,如图 3.1.11(a)所示,第一批柱纵筋截断点位于节点外;当 $1.5 l_{abE}$ 值未超过柱内侧边缘时,第一批柱纵筋截断点位于节点内,要求此时柱纵筋水平点长度 $\geq 15d$,如图 3.1.11(b)所示。

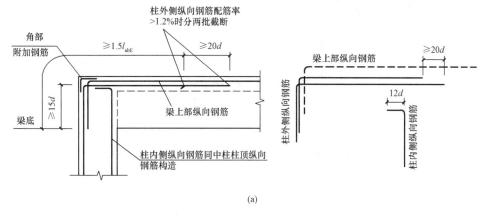

(a)

图 3.1.11 柱外侧纵向钢筋和梁上部纵向钢筋后节点外侧弯折搭接构造
(a)梁宽范围内钢筋

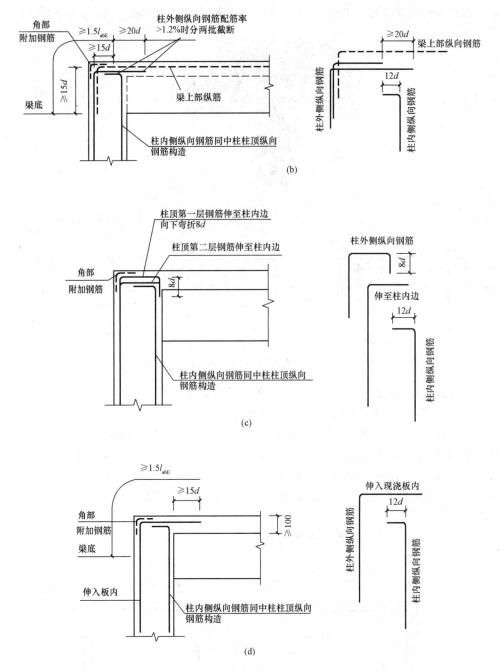

图 3.1.11　柱外侧纵向钢筋和梁上部纵向钢筋后节点外侧弯折搭接构造(续)

(b)梁宽范围内钢筋;(c)梁宽范围外钢筋在节点内锚固;

(d)梁宽范围外钢筋伸入现浇板内锚固(现浇板厚度不小于 100 mm 时)

2)对于无法深入梁内的柱顶外侧纵筋,可以伸至柱顶弯折,弯折后的水平段伸至柱内侧边,再弯折 8d ,如图 3.1.11(c)所示。

3)梁宽范围外伸入现浇板的柱顶外侧纵筋,柱纵筋自梁底算起,与梁上部纵筋弯折搭接总长度为≥1.5l_{abE},要求此时柱纵筋伸入现浇板内的长度≥15d,如图 3.1.11(d)所示。

4)梁上部纵筋深入柱内与柱外侧纵筋搭接,搭接长度从柱顶(扣一个保护层厚度)算起,且≥1.7l_{abE},如图 3.1.12(a)所示。

5)当柱外侧钢筋直径不小于梁上部纵筋时,可将柱外侧纵筋弯入梁内作为梁上部纵筋,如图 3.1.12(b)所示。

当柱纵筋直径≥25 mm 时,在柱宽范围的柱箍筋内侧设置间距≤150 mm,但不少于 3φ10 的附加角筋。

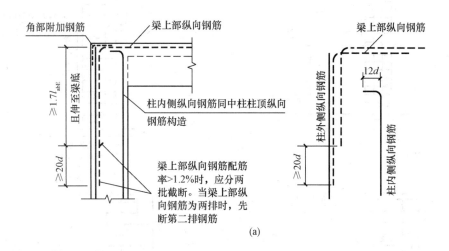

(a)

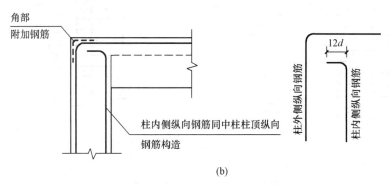

(b)

图 3.1.12 柱外侧纵向钢筋和梁上部钢筋在柱顶外侧直线搭接构造

(a)梁宽范围内钢筋;(b)梁宽范围外钢筋

4. 柱箍筋构造

(1)柱箍筋在基础中构造。根据自柱纵向钢筋外皮算起保护层厚度不同,箍筋数量不同。钢筋构造如图 3.1.13 所示。

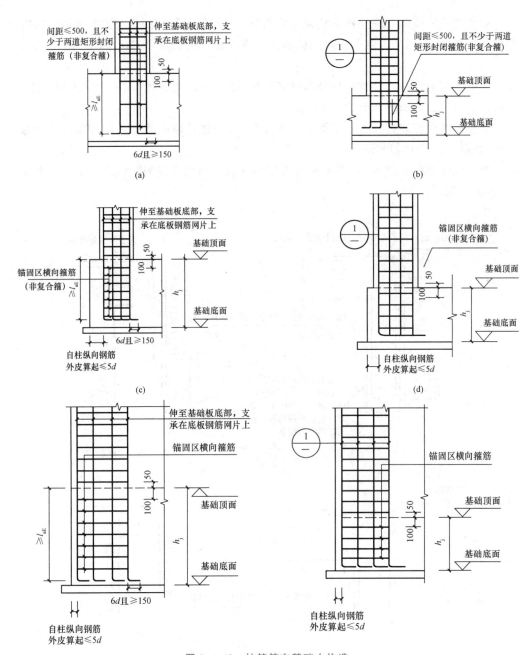

图 3.1.13　柱箍筋在基础中构造

(a)保护层厚度＞5d（基础高度满足直锚）；(b)保护高度＞5d（基础高度不满足直锚）；

(c)保护层厚度≤5d（基础高度满足直锚）；(d)保护层厚度≤5d（基础高度不满足直锚）

　　(2)箍筋加密区范围。抗震设计时,框架柱的箍筋加密区长度和纵筋非连接区长度是一致的。箍筋构造及起步距离如图 3.1.14 所示。

　　1)柱的箍筋加密区范围为 $\max(h_c,H_n/6,500 \text{ mm})$ 其中,H_n 为框架柱净高,h_c 为框架柱截面长边尺寸,圆柱时为柱直径。

　　2)在嵌固部位的柱下端≥柱净高的 1/3 范围进行箍筋加密。

3)梁节点区域取梁高范围进行箍筋加密。

4)当柱纵筋采用搭接连接时,应在柱纵筋搭接长度范围内均按≤5d(d 为搭接钢筋较小直径)及≤100 mm 的间距进行箍筋加密,一般按设计标注的箍筋加密间距施工即可。

5)柱净高范围最下一组箍筋距底部梁顶 50 mm,最上一组箍筋距顶部梁底 50 mm。当顶层柱顶和梁顶标高相同时,节点最上一组箍筋距梁顶不大于 150 mm。

6)当有刚性地面时,在刚性地面上、下各 500 mm 的高度范围内加密箍筋。当边柱遇室内、外均有刚性地面时,加密范围取各自上下的 500 mm。

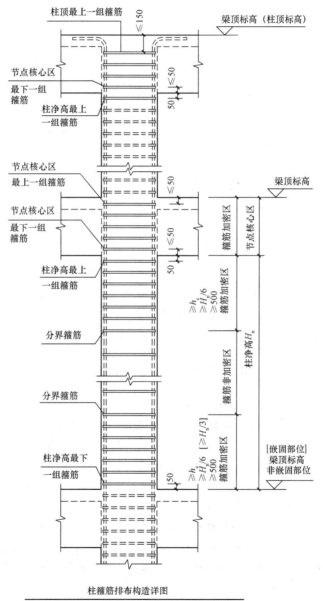

柱箍筋排布构造详图

(柱高范围内箍筋间距相同时,无加密区、非加密区划分)

图 3.1.14 18G901 中柱箍筋排布构造

二、柱钢筋计算公式

柱钢筋计算公式可以总结归纳为表 3.1.7 和表 3.1.8。

表 3.1.7　柱纵向钢筋计算公式

编号	构造内容	计算公式
1	基础插筋钢筋长度	低位插筋长度＝插筋锚固长度＋基础插筋非连接区长度； 高位插筋长度＝插筋锚固长度＋基础插筋非连接区长度＋错开长度
2	首层及中间层纵筋长度	钢筋长度＝本层层高－本层非连接区长度＋上层非连接区长度
3	柱顶纵筋长度	顶层纵筋长度＝层高－当前层非连接区长度－梁高＋梁内锚固长度（需判断边角中柱）

表 3.1.8　柱箍筋计算公式

编号	构造内容	计算公式
1	箍筋长度	大箍筋： $(b+h)\times2-$ 保护层 $\times8+90°$ 弯曲调整值 $\times3+135°$ 弯曲调整值 $\times2+$ 弯钩平直段 $\times2$
		小箍筋： $[(b-$ 保护层 $\times2-$ 箍筋直径 $\times2-$ 纵筋直径 $)/(b$ 边纵筋根数 $-1)\times$ 间距数＋纵筋直径＋箍筋直径 $\times2]\times2+(h-$ 保护层 $\times2)\times2+90°$ 弯曲调整值 $\times3+135°$ 弯曲调整值 $\times2+$ 弯钩平直段 $\times2$
		单肢箍： $(b$ 或 $h-$ 保护层 $\times2)+135°$ 弯曲调整值 $\times2+$ 弯钩平直段 $\times2$
2	基础内箍筋根数	保护层厚度 $>5d$ 根数： $\max[($ 基础高度 $-100-$ 保护层 $)/500,2]$
		保护层厚度 $\leqslant5d$ 根数： $\text{ceil}[($ 基础高度 $-100-$ 保护层 $)/$ 锚固区横向箍筋间距 $]+1$
3	加密区和非加密区（大箍筋）	嵌固部位根数＝ $\text{ceil}[(H_n/3-50)/$ 加密区间距 $]+1$ 非加密区根数＝ $\text{ceil}[($ 层高－加密区长度 $)/$ 非加密区间距 $]-1$ 梁高范围根数＝ $\text{ceil}[($ 梁高－上起步距离－下起步距离 $)/$ 加密区间距 $]+1$ 梁上下部位根数＝ $\text{ceil}\{[\max(H_n/6,h_c,500)-50]/$ 加密区间距 $\}+1$

任务 3-3：根据能力 2 框架柱钢筋构造的选择和应用内容，完成以下练习任务。

姓名		班级		学号	
工作任务		文字描述梁上起框架柱钢筋的构造分析			

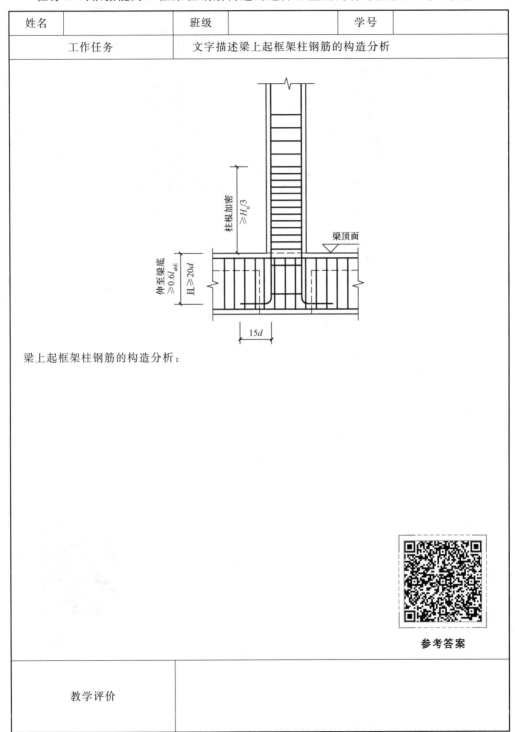

梁上起框架柱钢筋的构造分析：

参考答案

教学评价	

任务 3-4:根据能力 2 框架柱钢筋构造内容,完成以下练习任务。

姓名		班级		学号	
工作任务		文字描述剪力墙上起框架柱钢筋的构造分析			

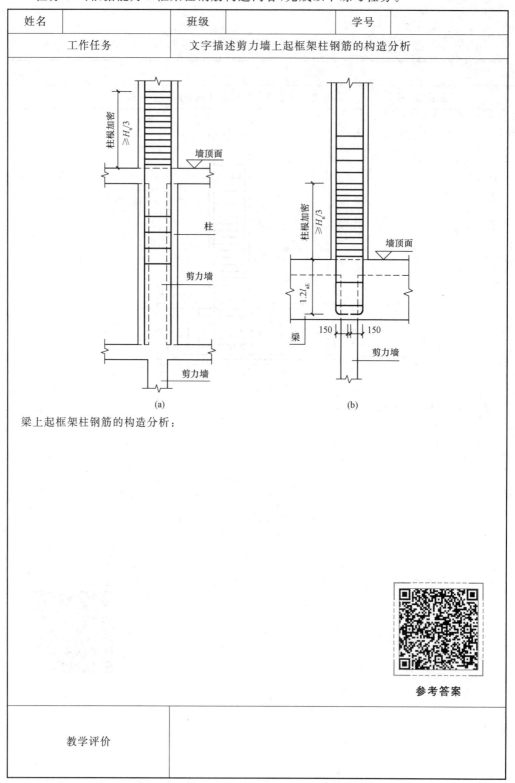

(a)   (b)

梁上起框架柱钢筋的构造分析:

参考答案

教学评价	

能力 3 能计算框架柱钢筋工程量

框架柱钢筋计算

在能力 1 和能力 2 中学习了框架柱的识图及钢筋构造,以实训办公楼案例图纸为例,进行⑤轴~Ⓐ轴 KZ2 的钢筋计算。KZ2 平法施工图如图 3.1.15 所示。计算相关条件见表 3.1.9。KZ2 钢筋计算过程见表 3.1.10。

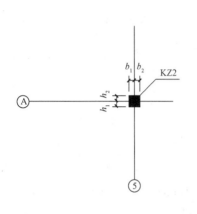

层号	标高/m	层高/m
	15.97	
大屋面	14.37	1.53
4	10.77	3.6
3	7.17	3.6
2	3.57	3.6
1	−0.03	3.6
基础层	−1.75	1.72

楼层结构底标高、层高

柱号	标高	b×h	h_1	b_2	h_1	h_2	角筋	b边一侧中部筋	h边一侧中部筋	箍筋类型号	箍筋
KZ2	基础面~7.170	400×400	200	200	200	200	4Φ20	2Φ20	2Φ20	1(4×4)	Φ10@100/200
	7.170~15.900	400×400	200	200	200	200	4Φ20	2Φ20	2Φ20	1(4×4)	Φ8@100/200

图 3.1.15 KZ2 平法施工图

表 3.1.9 计算相关条件

条件	参数	来源
混凝土强度等级	C30	结施—01
抗震等级	三级	结施—01
保护层厚度/mm	柱:20;梁:20;基础:40	结施—01
纵筋连接	机械连接	结施—01
独立基础高度/mm	600	结施—04
基础底标高/m	−1.750	结施—04
柱插筋在基础里的弯折长度/mm	200	结施—04
基础内箍筋	3Φ8	结施—04
梁截面尺寸/mm	300×600	结施—09

表 3.1.10　KZ2 钢筋计算过程

钢筋种类	钢筋型号	等级	计算过程
基础内插筋	20	HRB400 级	基础内的锚固长度：$(600-40)+200-2.08\times20=718.40\text{(mm)}$
			基础顶面非连接区高度（低位）：$(3600+1720-600-600)/3=1373.33\text{(mm)}$ 基础顶面非连接区高度（高位）：$(3600+1720-600-600)/3+35\times20=2073.33\text{(mm)}$
			基础内插筋（低位）：$718.40+1373.33=2091.73\text{(mm)}$ 基础内插筋（高位）：$718.40+2073.33=2791.73\text{(mm)}$
一层纵筋	20	HRB400 级	伸入上层的非连接区高度：$\max(H_n/6,h_c,500)=600\text{ mm}$
			纵筋长度（低位）：$(3600+1720-600)-1373.33+500=3846.67\text{(mm)}$
			纵筋长度（高位）：$(3600+1720-600)-2073.33+500+35\times20=3846.67\text{(mm)}$
二层纵筋	20	HRB400 级	伸入上层的非连接区高度：$\max(H_n/6,h_c,500)=500\text{ mm}$
			纵筋长度（低位）：$3600-500+500=3600\text{(mm)}$
			纵筋长度（高位）：$3600-(500+35\times20)+(500+35\times20)=3600\text{(mm)}$
三层纵筋	20	HRB400 级	伸入上层的非连接区高度：$\max(H_n/6,h_c,500)=500\text{ mm}$
			纵筋长度（低位）：$3600-500+500=3600\text{(mm)}$
			纵筋长度（高位）：$3600-(500+35\times20)+(500+35\times20)=3600\text{(mm)}$
四层纵筋（顶层）	20	HRB400 级	内侧纵筋长度（低位）：$(3600-600)-500+(600-20+12\times20)-2.08\times20=3278.4\text{(mm)}$
			内侧纵筋长度（高位）：$(3600-600)-(500+35\times20)+(600-20+12\times20)-2.08\times20=2578.4\text{(mm)}$
			外侧纵筋①长度（低位）：$(3600-600)-500+(1.5\times37\times20)-2.08\times20=3568.4\text{(mm)}$
			外侧纵筋①长度（高位）：$(3600-600)-(500+35\times20)+(1.5\times37\times20)-2.08\times20=2868.4\text{(mm)}$
			外侧纵筋②长度：$(3600-600)-500+(600-20+400-20\times2+8\times20)-2.08\times20\times2=3516.8\text{(mm)}$

钢筋种类	钢筋型号	等级	计算过程
基础箍筋	8	HRB400级	箍筋长度:400×4−20×8+80×2−2.08×8×3+2.9×8×2=1596.48(mm)
			根数:3根
箍筋	10	HRB400级	大箍筋长度:400×4−20×8+100×2−2.08×10×3+2.9×10×2=1635.6(mm)
			小箍筋长度:400×2−20×4+[(400−20×2−10×2−20)/3+10×2+20]×2+100×2−2.08×10×3+2.9×10×2=1208.93(mm)
			基础外加密区:[(1720+3600−600−600)/3−50]/100+1=15(根) 一层梁下加密区:(500−50)/100+1=6(根) 一层梁内加密区:(600−50×2)/100+1=6(根) 一层非加密区:[1720+3600−600−600−500−(1720+3600−600−600)/3]/200−1=11(根) 一层梁上加密区:(500−50)/100+1=6(根) 二层梁下加密区:(500−50)/100+1=6(根) 二层梁内加密区:(600−50×2)/100+1=6(根) 二层非加密区:(3600−600−500−500)/200−1=9(根)
			小箍筋根数:(15+6+6+11+6+6+6+9)×2=130(根)
箍筋	8	HRB400级	大箍筋长度:400×4−20×8+80×2−2.08×8×3+2.9×8×2=1596.48(mm)
			小箍筋长度:400×2−20×4+[(400−20×2−8×2−20)/3+8×2+20]×2+80×2−2.08×8×3+2.9×8×2=1164.48(mm)
			二层梁上加密区:(500−50)/100+1=6(根) 三层梁下加密区:(500−50)/100+1=6(根) 三层梁内加密区:(600−50×2)/100+1=6(根) 三层非加密区:(3600−600−500−500)/200−1=9(根) 三层梁上加密区:(500−50)/100+1=6(根) 四层梁下加密区:(500−50)/100+1=6(根) 四层梁内加密区:(600−50−150)/100+1=5(根) 四层非加密区:(3600−600−500−500)/200−1=9(根)
			小箍筋根数:(6+6+6+9+6+6+5+9)×2=104(根)

任务 3-5：根据能力 3 框架柱计量中所学内容，完成以下练习任务。

姓名			班级		学号		
工作任务			计算实训办公楼案例结施—06、07 图①轴～Ⓐ轴 KZ1 的钢筋计算				
序号	构件名称	图示位置	钢筋种类	钢筋直径	等级	长度计算公式	长度	根数计算公式	根数
1	KZ1	①轴/Ⓐ轴	基础内插筋						
			一层纵筋						
			二层纵筋						
			四层纵筋						
			箍筋						
							参考答案		
教学评价									

任务 3-6:根据能力 3 框架柱计量中所学内容,完成以下练习任务。

姓名			班级			学号		
工作任务			计算实训办公楼案例结施—06、07 图②轴~⑧轴 KZ5 的钢筋计算					
序号	构件名称	图示位置	钢筋种类	钢筋直径	等级	长度计算公式	长度	根数计算公式	根数
1	KZ5	②轴/⑧轴	基础内插筋						
			一层纵筋						
			二层纵筋						
			三层纵筋						
			四层纵筋						
			箍筋						

参考答案

教学评价	

📄 知识拓展

梁上起框架柱钢筋构造

墙上起框架柱钢筋构造

思政小贴士

大国工匠陈兆海：当好"工程之眼"

一、单选题

1.（　　）表示柱箍筋加密区间距为 100 mm，非加密区间距为 200 mm。

    A. Φ10@100＋Φ10@200　　　　　　B. Φ10@200＋Φ10@100

    C. Φ10@100/200　　　　　　　　　　D. Φ10@200/100

2. 框架柱的嵌固部位在地下室顶板时（　　）。

    A. 无须注写其位置　　　　　　　　　B. 必须在层高表中注明其位置

    C. 可以注明其位置　　　　　　　　　D. 一般须注明其位置

3. 在基础外的第一根柱箍筋到基础顶面的距离是（　　）。

    A. 50 mm　　　　　　　　　　　　　B. 100 mm

    C. $3d$（d 为箍筋直径）　　　　　　D. $5d$（d 为箍筋直径）

4. 当柱变截面需要设置插筋时，插筋应该从变截面处节点顶向下插入的长度为（　　）。

    A. $1.6l_{aE}$　　　　B. $1.5l_{aE}$　　　　C. $1.2l_{aE}$　　　　D. $0.5l_{aE}$

5. 上柱钢筋比下柱钢筋多时，上柱比下柱多出的钢筋（　　）。

    A. 从楼面直接向下插 $1.5l_{aE}$

    B. 从楼面直接向下插 $1.6l_{aE}$

    C. 从楼面直接向下插 $1.2l_{aE}$

    D. 单独设置插筋，从楼面直接向下插 l_{aE}，与上柱多出的钢筋搭接

二、多选题

1. 平法施工图制图规则中，柱的注写方式有（　　）。

    A. 集中标注　　　B. 原位标注　　　C. 截面注写　　　D. 列表注写

2. 在柱表中注写（　　）的具体数值，并配以各种柱截面形状及其箍筋类型图的方式，来表达柱平法施工图。

    A. 柱编号　　　B. 柱段起止标高　　　C. 锚固构造　　　D. 几何尺寸

    E. 配筋

3. 柱在楼面处节点上下非连接区的判断条件是（　　）。

    A. 500 mm　　　　　　　　　　　　B. $1/6H_n$

    C. h_c（柱截面长边尺寸）　　　　　D. $1/3H_n$

三、判断题

1. 柱基梁柱交接处，箍筋间距应按设计要求加密。　　　　　　　　　　　（　　）

80

2. 截面注写方式,是在柱平面布置图的柱截面上,分别在同一编号的柱中选择一个截面,以直接注写截面尺寸和配筋具体数值的方式来表达柱平法施工图。 （ ）

参考答案

评价反馈

评价是否能完成柱平法施工图识读、柱钢筋构造的选择和应用,以及柱钢筋计量的学习;是否能完成各项任务、有无任务遗漏。学生进行自我评价,教师对学生进行评价,并将结果填入表中。

班级:		姓名:	学号:		
学习项目		柱平法识图与计量			
序号	评价项目	评分标准	满分	自评	师评
1	柱的分类	能根据不同类型工程,判断柱的类别	5		
2	柱钢筋的分类	能根据不同类别柱,判断钢筋的类别	5		
3	柱的列表注写方式	能正确识读列表注写方式的柱	5		
4	柱的截面注写方式	能正确识读截面注写方式的柱	5		
5	框架柱纵向钢筋在基础中构造	能根据图纸理解并正确选择相关钢筋构造	10		
6	框架柱纵向钢筋连接构造	能根据图纸理解并正确选择相关钢筋构造	10		
7	框架柱柱顶纵向钢筋构造	能根据图纸理解并正确选择相关钢筋构造	10		
8	框架柱箍筋构造	能根据图纸理解并正确选择相关钢筋构造	10		
9	框架柱钢筋计算	能根据图纸计算相关钢筋工程量	10		
10	工作态度	态度端正,无无故缺勤、迟到、早退情况,专业严谨、规范意识	10		
11	团队协作、合理分工能力	与小组成员、同学之间能合作交流,协调工作	10		
12	创新意识	通过阅读22G101系列平法图集,能更好地理解图纸内容	10		
13	合计		100		

情境 4

墙平法识图与计量

⤷ 引例

墙钢筋工程量计算,都需要掌握哪些基本知识?

某项目施工方办公室

小雯:张工,我在审核分包报上来的钢筋量,发现剪力墙的钢筋量对不上,您帮我看一下!

张工:好的,那你对比了吗? 主要差在哪种钢筋上?

小雯:我看了,主要在拉结筋上,我用一道墙测算了一下,他们报的就比我算的多3 kg,长度都没有问题,主要是数量,他们的是 110 个,我的是 55 个,正好差了一倍呢!

张工:出现这样的问题,就是一个原因,你俩设置的拉结筋布置方式不一样!

小雯:拉结筋的布置方式? 会有这么大的出入吗?

张工:当然会! 拉结筋有两种布置方式:一种是矩形;另一种是梅花形,我们看一下图集,梅花形是隔一布一的形式,间距都是穿插的,所以相对于矩形的布置方式,梅花形的竖向和水平间距都是加密的,自然数量就多了!

小雯:这个问题我之前还真没注意,分包是按照梅花形计算的,我是按照矩形计算的,可是图纸上没有相关规定,张工,我该怎么判定呢?

张工:查看他们的施工方案,再查找一下施工的影像资料,会找到依据的!

小雯:好的,张工,我马上去找,谢谢张工!

张工:不客气!

知识目标

1. 掌握墙平法制图规则;
2. 熟悉墙身、墙梁、墙柱的相关钢筋构造;
3. 掌握墙身钢筋工程量的计算方法。

能力目标

1. 能够正确运用平法图集,准确查找墙相关各数据;
2. 能识读墙结构施工图中相关信息;
3. 能根据工程特点,选择合适的钢筋构造做法;
4. 能根据墙的结构施工图,计算墙的钢筋工程量。

导读

⮕ 思维导图

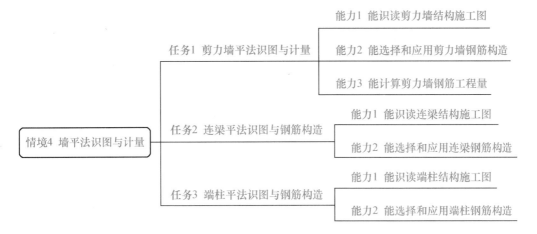

情境4 墙平法识图与计量
- 任务1 剪力墙平法识图与计量
  - 能力1 能识读剪力墙结构施工图
  - 能力2 能选择和应用剪力墙钢筋构造
  - 能力3 能计算剪力墙钢筋工程量
- 任务2 连梁平法识图与钢筋构造
  - 能力1 能识读连梁结构施工图
  - 能力2 能选择和应用连梁钢筋构造
- 任务3 端柱平法识图与钢筋构造
  - 能力1 能识读端柱结构施工图
  - 能力2 能选择和应用端柱钢筋构造

任务1 剪力墙平法识图与计量

📄 任务要求

对结构图中剪力墙平法施工图进行识图、审图,再进行相关剪力墙钢筋工程量计算工作。

📄 工作准备

1. 阅读工作任务要求,识读剪力墙平法施工图纸,进行图纸分析。

2. 收集《混凝土结构施工图平面整体表示方法制图规则和构造详图(现浇混凝土框架、剪力墙、梁、板)》(22G101—1)、《混凝土结构施工钢筋排布规则与构造详图(现浇混凝土框架、剪力墙、梁、板)》(18G901—1)中有关剪力墙的制图规则和钢筋构造部分知识。

3. 结合任务要求分析剪力墙平法施工图识读和剪力墙钢筋计算的难点和常见问题。

引导问题1:剪力墙的组成有哪些?

引导问题2:剪力墙的钢筋种类有哪些?

引导问题3:剪力墙平法施工图的表示方法有哪几种?

引导问题4:剪力墙身列表中表达的内容有哪些?

剪力墙的组成

剪力墙身的钢筋种类

剪力墙平法施工图的表示方法

带着以上引导问题学习视频后,按照识图→钢筋构造→工程量计算的顺序进入本任务的学习。

能力1　能识读剪力墙结构施工图

能力培养

一、剪力墙身列表注写方式

剪力墙身列表注写方式需注写墙身编号、各段墙身起止标高及配筋信息,见表4.1.1。

表4.1.1　剪力墙身列表注写方式

编号	标高	墙厚	混凝土等级	水平分布筋		垂直分布筋		拉结筋
				①	②	③	④	
Q1(2排)	5.600~25.650 m 5.600~26.550 m 5.600~30.250 m	200	C30	Φ8@200	Φ8@200	Φ8@200	Φ8@200	Φ6@600×600

1. 墙身编号

墙身编号由墙身代号、序号以及墙身所配置的水平与竖向分布钢筋的排数组成,剪力墙身编号识图示例见表4.1.2。

2. 各段墙起止标高

自墙根部往上以变截面位置或截面未变但配筋改变处为界分段注写,各段墙的起止标高识图示例见表4.1.3。

表 4.1.2　墙身编号识图示例

编号	示例	解析
Q1(2 排)	<table><tr><td>编号</td><td>标高</td></tr><tr><td>Q1（2排）</td><td>5.600~25.650 m 5.600~26.550 m 5.600~30.250 m</td></tr></table>	剪力墙,序号为1,水平分布筋与竖向分布筋为2排

表 4.1.3　各段墙起止标高识图示例

编号	示例	解析
Q1(2 排)	<table><tr><td>编号</td><td>标高</td></tr><tr><td>Q1（2排）</td><td>5.600~25.650 m 5.600~26.550 m 5.600~30.250 m</td></tr></table>	剪力墙1,根据位置不同,分为三种标高:第一种为 5.600～25.650 m;第二种为 5.600～26.550 m;第三种为 5.600～30.250 m

3. 水平分布钢筋

注写数值为一排的规格与间距,水平分布钢筋识图示例见表4.1.4。

表 4.1.4　水平分布钢筋识图示例

编号	示例	解析
Q1(2 排)	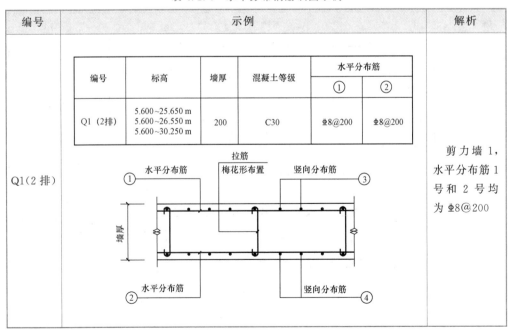	剪力墙1,水平分布筋1号和2号均为 ⊉8@200

表内示例：

编号	标高	墙厚	混凝土等级	水平分布筋 ①	水平分布筋 ②
Q1（2排）	5.600~25.650 m 5.600~26.550 m 5.600~30.250 m	200	C30	⊉8@200	⊉8@200

4. 竖向分布钢筋

当内外排竖向分布钢筋配筋不一致时,应单独注写,竖向分布钢筋识图示例见表 4.1.5。

表 4.1.5　竖向分布钢筋识图示例

编号	示例					解析
Q1(2 排)	水平分布筋		垂直分布筋		拉筋	剪力墙 1,竖向分布筋 3 号和 4 号均为 Φ8@200
	①	②	③	④		
	Φ8@200	Φ8@200	Φ8@200	Φ8@200	Φ6@600×600	

5. 拉结筋

拉结筋识图示例见表 4.1.6。

表 4.1.6　拉结筋识图示例

编号	示例						解析
Q1(2 排)	水平分布筋		垂直分布筋		拉结筋	配筋形式	剪力墙 1,拉结筋为 Φ6,水平与竖向间距均为 600 mm,采用梅花形布置
	①	②	③	④			
	Φ8@200	Φ8@200	Φ8@200	Φ8@200	Φ6@600×600	2	

二、剪力墙截面注写

直接在墙上注写墙身编号、墙厚尺寸和配筋具体数值,墙截面注写方式识图示例见表4.1.7。

表 4.1.7　墙截面注写方式识图示例

示例	

（此处为剪力墙截面注写示例图，图中标注包括：GBZ4 8Φ12 φ10@150、GBZ5 20Φ18 φ10@150、GBZ6 24Φ18 φ10@150、GBZ7 16Φ20 φ10@150、GBZ8 17Φ20 φ10@150、GBZ3 12Φ22 φ10@150、Q1、Q2、LL4、A轴线等；LL4：2层:250×2070，3层:250×1770，4~9层:250×1170，φ10@120(2)，4Φ20，4Φ20；Q2 墙厚:250，水平:Φ10@200，竖向:Φ10@200，拉筋:φ6@600；尺寸标注2100、2400、2400、6900、2275、250、550、250、125、700、1000、700、700、1000、200、200、200、700、450、150、450、150、300、300）

解析	Q2厚度为250 mm,水平分布筋为HRB400级钢筋,直径为10 mm,间距为200 mm。垂直分布筋为HRB400级钢筋,直径为10 mm,间距为200 mm。拉结筋为HPB300级钢筋,直径为6 mm,间距为水平间距600 mm,垂直间距600 mm,矩形布置

任务4-1:根据能力1剪力墙平法识图内容,完成以下练习任务。

姓名		班级		学号	
工作任务		解析下列案例中 Q1 的识图			
墙编号					
墙厚					
标高					
配筋解析					

编号	标高	墙厚/mm	混凝土等级	水平分布筋	垂直分布筋	拉结筋(梅花)
Q1	基础顶~3.320 m	300	C30	⏀12@200	⏀12@200	Φ6@400×400
	3.320 m~屋面	250	C30	⏀12@200	⏀12@200	Φ6@400×400
Q2	基础顶~3.320 m	250	C30	⏀12@200	⏀12@200	Φ6@400×400
	3.320 m~屋面	200	C30	⏀12@200	⏀12@200	Φ6@400×400

参考答案

教学评价	

能力2 能选择和应用剪力墙钢筋构造

一、剪力墙钢筋构造

22G101—1图集第2-19～2-23页讲述剪力墙钢筋构造,22G101—3图集第2-8页讲述墙身竖向分布钢筋在基础中钢筋构造,包含钢筋及构造见表4.1.8,钢筋形式如图4.1.1所示。

表4.1.8 钢筋形式

剪力墙身钢筋构造	水平分布钢筋构造	有暗柱时端部构造
		转角墙钢筋构造
		翼墙构造
	竖向分布钢筋构造	竖向分布钢筋在基础中构造
		竖向分布钢筋连接构造
		竖向分布钢筋顶部构造
	拉结筋构造	

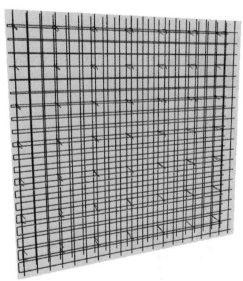

图4.1.1 剪力墙身钢筋形式

1. 剪力墙水平分布钢筋构造

(1)剪力墙水平分布钢筋构造分为端部有暗柱、转角墙、翼墙、端柱端部墙几种情况,各种构造见表4.1.9,钢筋的计算包括长度及根数。

表 4.1.9 剪力墙水平分布钢筋构造

分类		图示	说明
有暗柱时端部构造	一字形暗柱	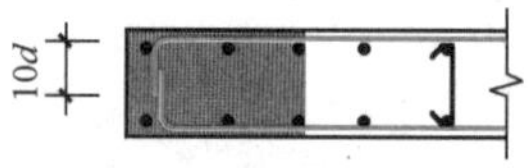	水平分布钢筋贴角筋内侧弯折 $10d$
	L 形暗柱	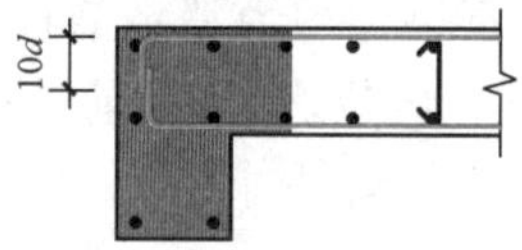	水平分布钢筋贴角筋内侧弯折 $10d$
	端柱端部墙一	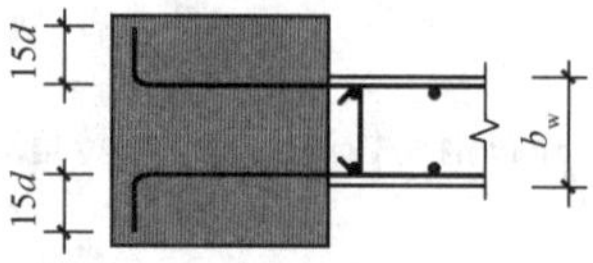	1. 图示蓝色水平分布筋伸入端支座的长度 $\geqslant l_{aE}$ 时可直锚; 2. 水平分布钢筋贴柱角筋内侧弯折 $15d$
	端柱端部墙二	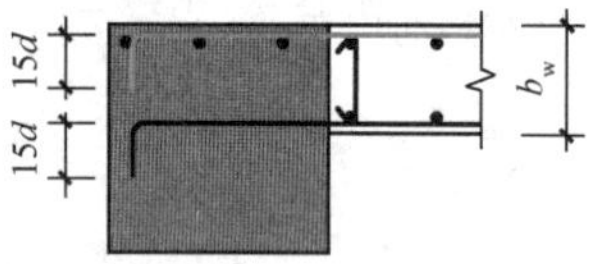	1. 图示蓝色水平分布筋伸入端支座的长度 $\geqslant l_{aE}$ 时可直锚; 2. 水平分布钢筋贴柱角筋内侧弯折 $15d$
转角墙钢筋构造	转角墙一	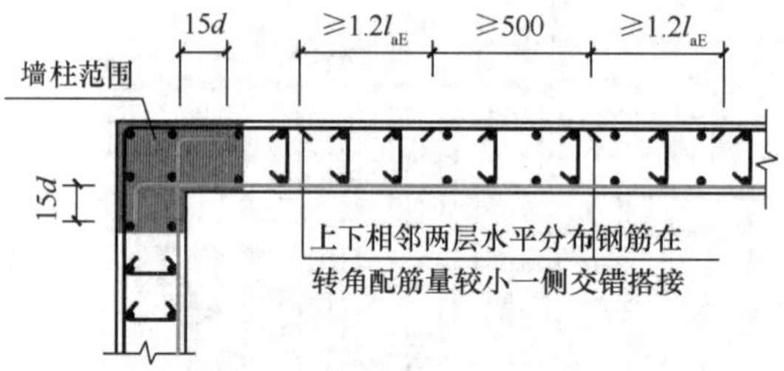	1. 外侧水平筋转角贯通,连接区域在墙体配筋量小的一侧墙体暗柱范围外; 2. 内侧水平筋伸至对边垂直筋内侧弯折 $15d$
	转角墙二	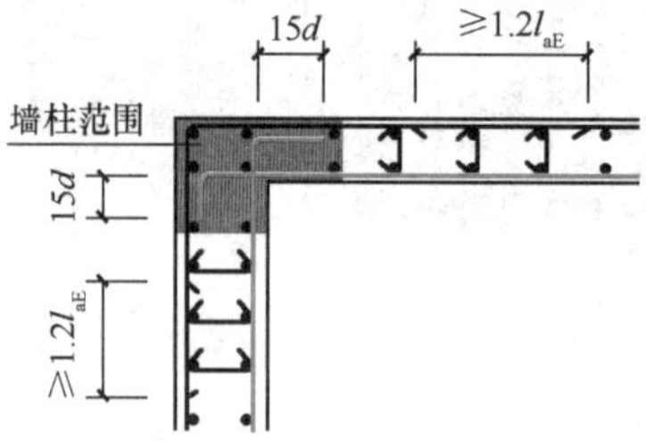	1. 墙体配筋量相同时外侧水平筋转角贯通,连接区域在暗柱范围外,上下相邻两层水平分布钢筋在转角两侧交错搭接; 2. 内侧水平筋伸至对边垂直筋内侧弯折 $15d$

分类		图示	说明
转角墙钢筋构造	转角墙三		1. 外侧水平分布筋在转角处搭接;搭接长度为转角后平直段 $\geqslant 0.8l_{aE}$; 2. 内侧水平筋伸至对边垂直筋内侧弯折 $15d$
	斜交转角墙		1. 外侧水平筋转角贯通; 2. 内侧水平筋伸至对边垂直筋内侧弯折 $15d$
	端柱转角墙一		1. 图示黑色水平分布筋伸入端支座的长度 $\geqslant l_{aE}$ 时可直锚;不满足直锚时弯折 $15d$; 2. 图示蓝色外水平分布筋贴柱角筋内侧弯折 $15d$;支座设计宽度 $\geqslant 0.6l_{abE}$
	端柱转角墙二		1. 图示黑色水平分布筋伸入端支座的长度 $\geqslant l_{aE}$ 时可直锚;不满足直锚时弯折 $15d$; 2. 图示蓝色外水平分布筋贴柱角筋内侧弯折 $15d$;支座设计宽度 $\geqslant 0.6l_{abE}$
	端柱转角墙三		1. 图示黑色水平分布筋伸入端支座的长度 $\geqslant l_{aE}$ 时可直锚;不满足直锚时弯折 $15d$; 2. 图示蓝色外水平分布筋贴柱角筋内侧弯折 $15d$;支座设计宽度 $\geqslant 0.6l_{abE}$

91

分类	图示	说明
翼墙一		1. 图示蓝色水平分布筋端部贴柱筋内侧弯折 $15d$； 2. 水平墙图示黑色纵筋连续通过
翼墙二		1. 墙变截面时宽截面水平纵筋伸至端部后弯折 $15d$； 2. 窄截面墙内侧水平钢筋直锚 $1.2l_{aE}$
翼墙三		墙变截面时变截面 $\geqslant 1:6$ 时钢筋倾斜通过即可
斜交翼墙		1. 图示蓝色水平分布筋端部贴柱筋内侧弯折 $15d$； 2. 水平墙图示黑色纵筋连续通过

翼墙构造

分类		图示	说明
翼墙构造	端柱翼墙一	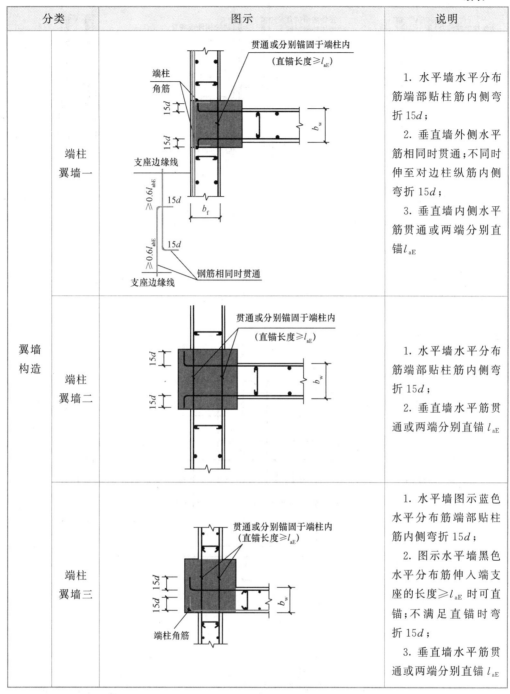	1. 水平墙水平分布筋端部贴柱筋内侧弯折 15d； 2. 垂直墙外侧水平筋相同时贯通；不同时伸至对边柱纵筋内侧弯折 15d； 3. 垂直墙内侧水平筋贯通或两端分别直锚 l_{aE}
	端柱翼墙二		1. 水平墙水平分布筋端部贴柱筋内侧弯折 15d； 2. 垂直墙水平筋贯通或两端分别直锚 l_{aE}
	端柱翼墙三		1. 水平墙图示蓝色水平分布筋端部贴柱筋内侧弯折 15d； 2. 图示水平墙黑色水平分布筋伸入端支座的长度 $\geqslant l_{aE}$ 时可直锚；不满足直锚时弯折 15d； 3. 垂直墙水平筋贯通或两端分别直锚 l_{aE}

(2)剪力墙水平分布钢筋根数排布构造详见 18G901—1 图集第 3-5 页,如图 4.1.2 所示。剪力墙层高范围最上/下一排水平分布筋距板顶 50 mm,当层顶位置设有宽度大于剪力墙厚度的边框梁时,最上一排水平分布筋距顶部边框梁底 100 mm,边框梁内部不设置水平分布筋。

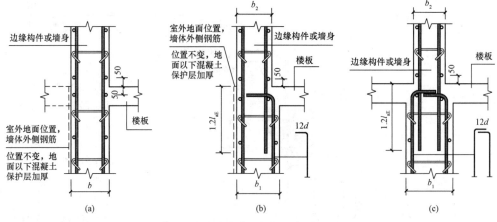

图 4.1.2 剪力墙变截面处竖向钢筋构造详图

2. 剪力墙竖向分布钢筋构造

剪力墙竖向分布钢筋构造分为竖向分布钢筋在基础中构造、竖向分布钢筋连接构造、竖向分布钢筋顶部构造,各种构造见表 4.1.10。

表 4.1.10 剪力墙竖向钢筋构造

分类		图示	说明
基础锚固	直锚		1. 满足直锚的条件是基础高度－保护层≥l_{aE}; 2. 满足直锚时钢筋伸至基础底面钢筋网上弯折 $6d$ 且≥150; 3. 采用"隔二下一"方式隔两根可直锚 l_{aE}
	弯锚		基础高度不满足直锚时钢筋伸至基础底面钢筋网上弯折 $15d$

分类	图示	说明
竖向连接 搭接	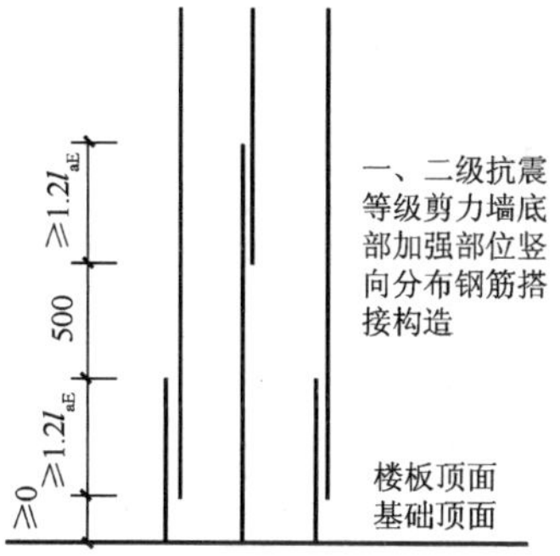 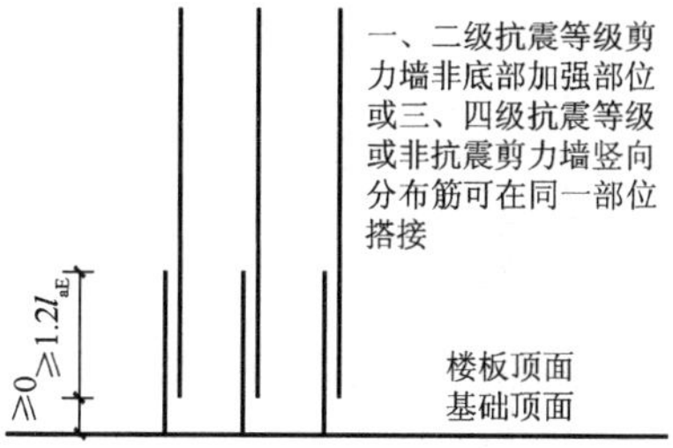 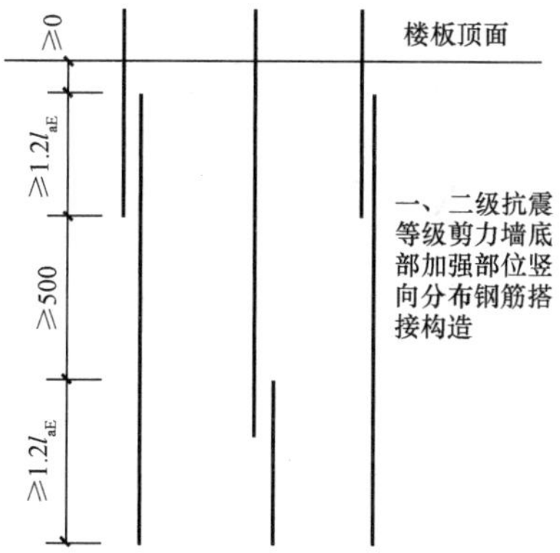	1. 一、二级抗震等级剪力墙非底部加强部位或三、四级抗震等级剪力墙竖向分布钢筋可在同一部位搭接长度 $1.2l_{aE}$； 2. 一、二级抗震等级剪力墙底部加强部位相邻纵筋搭接需分批断开间隔 500 mm，搭接长度 $1.2l_{aE}$； 3. 当剪力墙竖向分布钢筋上层钢筋直径大于下层钢筋直径时搭接位置在层顶范围，搭接长度 $1.2l_{aE}$，第二批连接错开 500 mm
机械连接	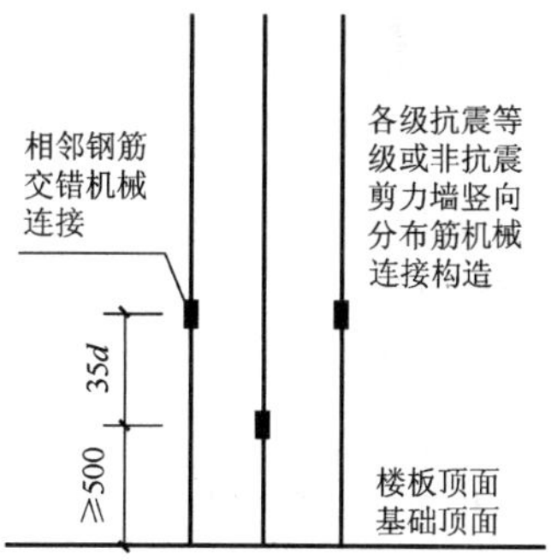	1. 剪力墙竖向分布钢筋分批连接，第一批连接位置距底板 500 mm； 2. 第二批连接位置距第一批断开位置 $35d$

分类		图示	说明
竖向连接	焊接	相邻钢筋交错焊接 各级抗震等级或非抗震剪力墙竖向分布筋焊接构造 楼板顶面 基础顶面 35d ≥500 ≥500	1. 剪力墙竖向分布钢筋分批连接,第一批连接位置距底板 500 mm; 2. 第二批连接位置距第一批断开位置 35d 且 ≥500 mm
顶部构造	弯锚	屋面板或楼板 ≥12d ≥12d 墙水平分布钢筋 墙身或边缘构件(不含端柱) 屋面板或楼板 ≥12d ≥12d 墙水平分布钢筋 墙身或边缘构件(不含端柱)	剪力墙竖向钢筋顶层钢筋伸至板顶保护层位置弯折 12d
	边框梁直锚	l_{aE} 边框梁 墙身或边缘构件(不含端柱)	梁高度满足直锚锚固长度 l_{aE}
	边框梁弯锚	≥12d ≥12d 边框梁 墙身或边缘构件(不含端柱)	梁高度不满足直锚时竖向钢筋伸至板顶保护层位置弯折 12d

3. 拉结筋构造

(1)拉结筋布置方式分为矩形布置和梅花形布置,剪力墙层高范围:竖向钢筋拉结筋起始位置为底部板顶以上第二排水平分布钢筋位置处,终止位置为层顶部板底(梁底)以下第一排水平分布钢筋位置处,如图4.1.3所示。

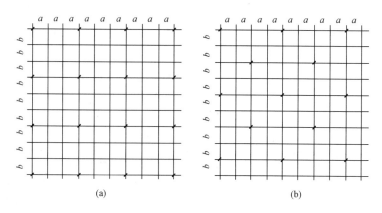

图 4.1.3　拉结筋设置

(a)拉结筋@3a@3b 矩形(a≤200 mm,b≤200 mm);(b)拉结筋@4a@4b 梅花(a≤150 mm,b≤150 mm)

(2)拉结筋根据不同的施工情况,末端有两种弯折:一种为一端90°,一端135°;另一种为两端均为135°,如图4.1.4所示。

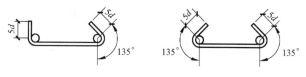

图 4.1.4　拉结筋构造

二、剪力墙身钢筋计算公式

剪力墙身钢筋计算公式可以总结归纳为表4.1.11~表4.1.13。

表 4.1.11　剪力墙身水平分布钢筋计算公式

编号	构造内容	计算公式
1	一字形剪力墙身水平分布钢筋长度	剪力墙长度－保护层×2＋弯折×2
2	转角墙内侧水平分布钢筋长度	剪力墙长度－保护层×2＋弯折×2
3	带翼墙的剪力墙水平分布钢筋长度	剪力墙长度－保护层×2＋弯折×2
4	带端柱的剪力墙水平分布钢筋长度	剪力墙长度＋端柱尺寸×2－保护层×2＋弯折×2
5	水平分布钢筋根数	当墙插筋在基础内侧面保护层厚度>5d 时,基础范围内剪力墙水平分布筋根数: max[(基础高度－100－保护层)/500,2]

编号	构造内容	计算公式
5	水平分布钢筋根数	当墙插筋在基础内侧面保护层厚度≤5d 时,基础范围内剪力墙水平分布筋根数: 内侧:max[(基础高度−100−保护层)/500,2] 外侧:ceil[(基础高度−保护层−起步距离)/间距]+1
		中间各层及顶层剪力墙水平分布筋根数: ceil[(层高−起步距离)/间距]+1

表 4.1.12 剪力墙身竖向分布钢筋计算公式

编号	构造内容	计算公式
1	基础插筋钢筋长度	低位插筋长度=插筋锚固长度+基础插筋非连接区长度 高位插筋长度=插筋锚固长度+基础插筋非连接区长度+错开长度
2	首层及中间层竖向分布钢筋长度	本层层高−本层非连接区长度+上层非连接区长度
3	墙顶竖向分布钢筋长度	当顶层剪力墙无边框梁时: 顶层剪力墙竖向分布筋长度=层高−当前层非连接区长度−保护层+12d 当顶层剪力墙有边框梁时: 顶层剪力墙竖向分布筋长度=层高−当前层非连接区长度−边框梁高+l_{aE}
4	竖向分布钢筋根数	ceil[(剪力墙净长−起步距离)/间距]+1

表 4.1.13 剪力墙身拉结筋计算公式

编号	构造内容	计算公式
1	拉结筋长度	两端均为135°长度: 墙厚−保护层×2+135°弯曲调整值×2+平直段长度×2 一端135°,另一端90°长度: 墙厚−保护层×2+135°弯曲调整值+90°弯曲调整值+平直段长度×2
2	拉结筋根数	基础内根数: ceil[(剪力墙净长−起步距离)/间距]+1
		基础外根数(矩形): [(剪力墙净长−起步距离)/间距+1]×[(剪力墙净高−起步距离)/间距+1]

任务 4-2:根据能力 2 剪力墙钢筋构造的选择和应用内容,完成以下练习任务。

姓名		班级		学号	
工作任务		判断案例中 Q1 的水平筋及竖直钢筋都采用哪种钢筋构造 已知:板厚 180 mm,墙板保护层 20 mm,基础保护层 40 mm, 三级抗震,焊接			
左端支座锚固形式					
右端支座锚固形式					
基础插筋锚固形式					
顶层锚固形式					

GBZ1

YBZ1

编号	标高	墙厚/mm	混凝土等级	水平分布筋	垂直分布筋	拉结筋(矩形)
Q1	基础顶～3.320 m	200	C30	⏀14@200	⏀14@200	Φ6@400×400
	3.320 m～屋面	200	C30	⏀12@200	⏀12@200	Φ6@400×400

参考答案

教学评价	

能力 3　能计算剪力墙钢筋工程量

在能力 1 和能力 2 中我们学习了剪力墙的识图以及钢筋构造,本节以下面案例图纸为例,进行 Q2 的首层(按层顶锚固计算)钢筋计算。Q2 平法施工图如图 4.1.5 所示。剪力墙配筋表见表 4.1.14,计算相关条件见表 4.1.15。Q2 钢筋计算过程见表 4.1.16。

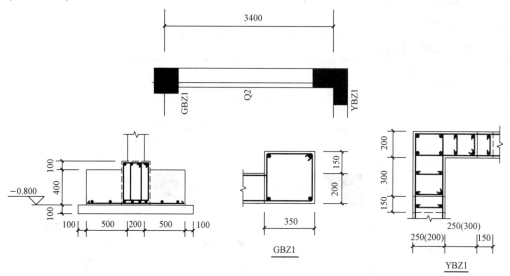

图 4.1.5　Q2 平法施工图

表 4.1.14　剪力墙配筋表

编号	标高	墙厚/mm	混凝土等级	水平分布筋	垂直分布筋	拉结筋(矩形)
Q1	基础顶~3.300 m	300	C30	⊕12@200	⊕12@200	Φ6@400×400
	3.320 m~屋面	250	C30	⊕12@200	⊕12@200	Φ6@400×400
Q2	基础顶~3.300 m	250	C30	⊕12@200	⊕12@200	Φ6@400×400
	3.320 m~屋面	200	C30	⊕12@200	⊕12@200	Φ6@400×400

表 4.1.15　计算相关条件

条件	参数	来源
混凝土强度等级	C30	结施—01
抗震等级	三级	结施—01
保护层厚度	墙板 20 mm;基础 40 mm	结施—01

表 4.1.16　Q2 钢筋计算过程

钢筋种类	钢筋型号	等级	长度计算公式
水平钢筋	12	HRB400 级	判断锚固形式:①左侧端柱端部墙,$l_{aE}=37d=37\times12=444$ mm>支座宽度 350 mm,短柱弯锚 $15d$; ②右侧转角墙,内侧钢筋端部锚固 $15d$;外侧钢筋端部锚固 $0.8l_{aE}$
			内侧钢筋长度:$15\times12+350-20+3400-200-450+650-20+15\times12-2.08\times12\times2=4020.08$(mm) 外侧钢筋长度:$15\times12+350-20+3400-200-450+650-20+0.8\times37\times12-2.08\times12\times2=4195.28$(mm)
			根数:基础内$[(500-40-100)/500+1]\times2=4$(根) 基础外$[(3320+300-50\times2)/200+1]\times2=38$(根)
竖向钢筋	12	HRB400 级	判断是否直锚:基础高度—保护层=$500-40>l_{aE}=37\times12$,故直锚
			长度:①基础插筋短 $150+500-40+500-2.08\times12=1085.04$(mm) ②基础插筋长 $150+500-40+500+500-2.08\times12=1585.04$(mm) ③顶层锚固长 $3320+300-500-20+12\times12-2.08\times12=3219.04$(mm) ④顶层锚固短 $3320+300-500-500-20+12\times12-2.08\times12=2719.04$(mm)
			根数:$(3400-200-450-200\times2)/200+1=13$(根) (长度分两批,故根数为每种长度各 13 根,不需乘排数)
拉结筋	6	HRB300 级	长度:$(250-20\times2)+5\times6\times2-1.75\times6\times2=249$(mm)
			根数:$[(3400-200-450-200-200)/400+1]\times[(3320+300-400-200)/400+1]=63$(根)

任务实施

任务 4-3:根据能力 3 剪力墙计量中所学内容,完成以下练习任务。

<table>
<tr><td colspan="2">姓名</td><td colspan="2"></td><td>班级</td><td colspan="2"></td><td colspan="2">学号</td><td></td></tr>
<tr><td colspan="2">工作任务</td><td colspan="8">计算 Q1 标高 3.320～6.120 m 钢筋长度及根数,计算条件见任务 4-2</td></tr>
<tr><td>序号</td><td>构件名称</td><td>图示位置</td><td>钢筋种类</td><td>钢筋直径</td><td>等级</td><td>长度计算公式</td><td>长度</td><td>根数计算公式</td><td>根数</td></tr>
<tr><td rowspan="6">1</td><td rowspan="6">Q1</td><td rowspan="6">局部图</td><td>水平筋</td><td></td><td></td><td></td><td></td><td></td><td></td></tr>
<tr><td rowspan="4">竖直筋</td><td></td><td></td><td></td><td></td><td></td><td></td></tr>
<tr><td></td><td></td><td></td><td></td><td></td><td></td></tr>
<tr><td></td><td></td><td></td><td></td><td></td><td></td></tr>
<tr><td></td><td></td><td></td><td></td><td></td><td></td></tr>
<tr><td>拉结筋</td><td></td><td></td><td></td><td></td><td></td><td></td></tr>
<tr><td colspan="10">参考答案</td></tr>
<tr><td colspan="4">教学评价</td><td colspan="6"></td></tr>
</table>

任务 2　连梁平法识图与钢筋构造

对结构图中连梁平法施工图进行识图、审图,再进行相关连梁钢筋构造分析工作。

1. 阅读工作任务要求,识读连梁平法施工图纸,进行图纸分析。

2. 收集《混凝土结构施工图平面整体表示方法制图规则和构造详图(现浇混凝土框架、剪力墙、梁、板)》(22G101—1)、《混凝土结构施工钢筋排布规则与构造详图(现浇混凝土框架、剪力墙、梁、板)》(18G901—1)中有关连梁的制图规则和钢筋构造部分知识。

3. 结合任务要求分析连梁平法施工图识读和连梁钢筋构造的难点和常见问题。

引导问题 1:墙梁的分类有哪些?

引导问题 2:连梁的钢筋种类有哪些?

引导问题 3:连梁 LL 与连梁 LLk 的区别是什么?

引导问题 4:剪力墙梁表中表达的内容有哪些?

墙梁的分类

连梁的钢筋种类

墙梁平法施工图的表示方法

带着以上引导问题学习视频,按照识图→钢筋构造→工程量计算的顺序进入本任务的学习。

能力 1　能识读连梁结构施工图

一、剪力墙梁列表注写方式

剪力墙梁列表注写方式需注写墙梁编号、墙梁所在楼层号、墙梁顶面标高高差、墙梁截面尺寸及墙梁配筋信息,见表 4.2.1,剪力墙梁列表注写方式识图示例见表 4.2.2。

表 4.2.1　剪力墙梁列表注写

编号	所在楼层号	梁顶相对标高高差/m	梁截面 $b \times h$/mm	上部纵筋	下部纵筋	箍筋	侧面纵筋（两侧）
LL1	3～5	+0.175	200×400	3Φ18	3Φ18	Φ10@100(2)	R01 水平分布层
	6～8	+0.175	200×400	3Φ16	3Φ16	Φ8@100(2)	R01 水平分布层
	9	+0.075	200×400	2Φ16	2Φ16	Φ10@100(2)	H01 水平分布层

表 4.2.2　剪力墙梁列表注写方式识图示例

编号	所在楼层号	梁顶相对标高高差/m	梁截面 $b \times h$/mm	上部纵筋	下部纵筋	箍筋
LL1	2～9	0.800	300×2000	4Φ22	4Φ22	Φ10@100(2)
	10～16	0.800	250×2000	4Φ20	4Φ20	Φ10@100(2)
	屋面1		250×1200	4Φ20	4Φ20	Φ10@100(2)
LL2	3	−1.200	300×2520	4Φ22	4Φ22	Φ10@150(2)
	4	−0.900	300×2070	4Φ22	4Φ22	Φ10@150(2)
	5～9	−0.900	300×1770	4Φ22	4Φ22	Φ10@150(2)
	10～屋面1	−0.900	250×1770	3Φ22	3Φ22	Φ10@150(2)
AL1	2～9		300×600	3Φ20	3Φ20	Φ8@150(2)
	10～16		250×500	3Φ18	3Φ18	Φ8@150(2)
BKL1	屋面1		500×750	4Φ22	4Φ22	Φ10@150(2)
解析	LL1 在 2～9 层相对层顶顶标高高 0.8 m,梁宽为 300 mm,梁高为 2000 mm。上部纵筋 4 根 HRB400 级钢筋,直径为 22 mm;下部纵筋 4 根 HRB400 级钢筋,直径为 22 mm。箍筋为 HPB300 级钢筋,直径为 10 mm,间距为 100 mm,2 肢箍					

二、剪力墙梁截面注写方式

直接在墙梁上注写墙梁编号、墙梁所在层、截面尺寸、配筋具体数值和墙梁顶面标高高差,墙梁截面注写方式识图示例见表 4.2.3。

表 4.2.3　墙梁截面注写方式识图示例

编号	示例
LL1	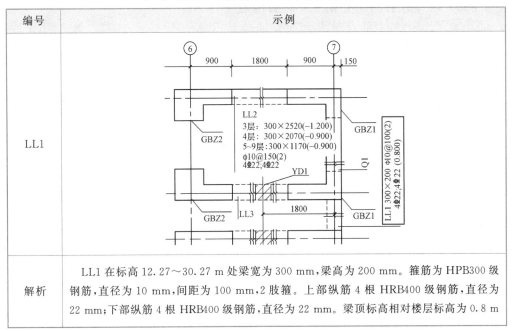
解析	LL1 在标高 12.27～30.27 m 处梁宽为 300 mm,梁高为 200 mm。箍筋为 HPB300 级钢筋,直径为 10 mm,间距为 100 mm,2 肢箍。上部纵筋 4 根 HRB400 级钢筋,直径为 22 mm;下部纵筋 4 根 HRB400 级钢筋,直径为 22 mm。梁顶标高相对楼层标高为 0.8 m

任务实施

任务 4-4:根据能力 1 剪力墙梁平法识图内容,完成以下练习任务。

姓名		班级		学号	
工作任务		对连梁表进行解析			

连梁表

编号	标高	梁截面/mm	上部纵筋	下部纵筋	箍筋	侧面纵筋(两侧)
LL1	6.930 m	200×450	2Φ18	2Φ18	Φ8@150	同剪力墙水平钢筋

解析:

参考答案

教学评价	

能力 2　能选择和应用连梁钢筋构造

连梁钢筋构造

22G101—1 图集第 2-27～2-30 页讲述墙梁钢筋构造,包含构造见表 4.2.4。

表 4.2.4　连梁钢筋构造

连梁配筋构造	连梁 LL 配筋构造
	连梁 LLk 配筋构造

1. 连梁 LL 钢筋构造

连梁 LL 钢筋构造分为小墙垛处洞口连梁、单洞口连梁、双洞口连梁,见表 4.2.5。

表 4.2.5　连梁 LL 钢筋构造

构造分类	构造详图	解析
小墙垛处洞口连梁钢筋构造		上下钢筋在墙垛处不满足直锚时伸至墙边保护层位置弯折 $15d$。在墙内满足直锚时锚固长度为 $l_{aE}(l_a)$ 且 ≥600 mm。箍筋在中间层中只布置在梁跨中,墙内不布置,起步距离为 50 mm。箍筋在顶层时,除跨中外,墙身范围内同样布置,起步距离为 100 mm,间距为 150 mm

构造分类	构造详图	解析
单洞口连梁钢筋构造	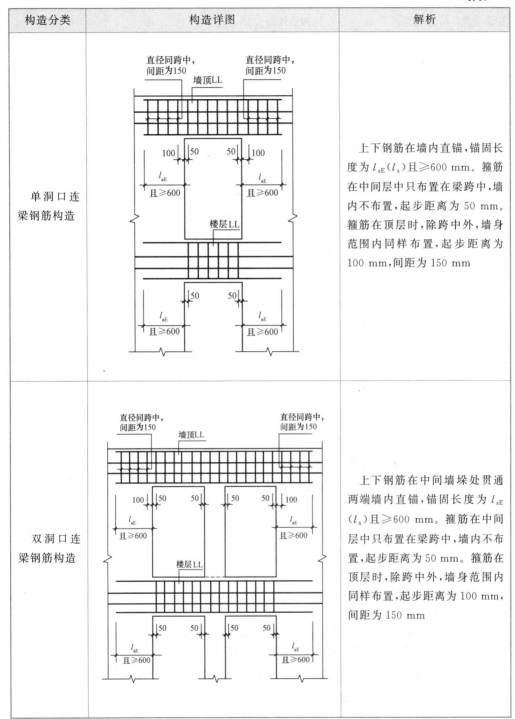	上下钢筋在墙内直锚,锚固长度为 $l_{aE}(l_a)$ 且 $\geqslant 600$ mm。箍筋在中间层中只布置在梁跨中,墙内不布置,起步距离为 50 mm。箍筋在顶层时,除跨中外,墙身范围内同样布置,起步距离为 100 mm,间距为 150 mm
双洞口连梁钢筋构造		上下钢筋在中间墙垛处贯通两端墙内直锚,锚固长度为 l_{aE} (l_a) 且 $\geqslant 600$ mm。箍筋在中间层中只布置在梁跨中,墙内不布置,起步距离为 50 mm。箍筋在顶层时,除跨中外,墙身范围内同样布置,起步距离为 100 mm,间距为 150 mm

2. 连梁 LLk 钢筋构造

连梁 LLk 钢筋构造分为纵筋构造和箍筋构造,见表 4.2.6。

表 4.2.6　连梁 LLk 钢筋构造

构造分类	构造详图	解析
连梁 LLk 纵筋构造	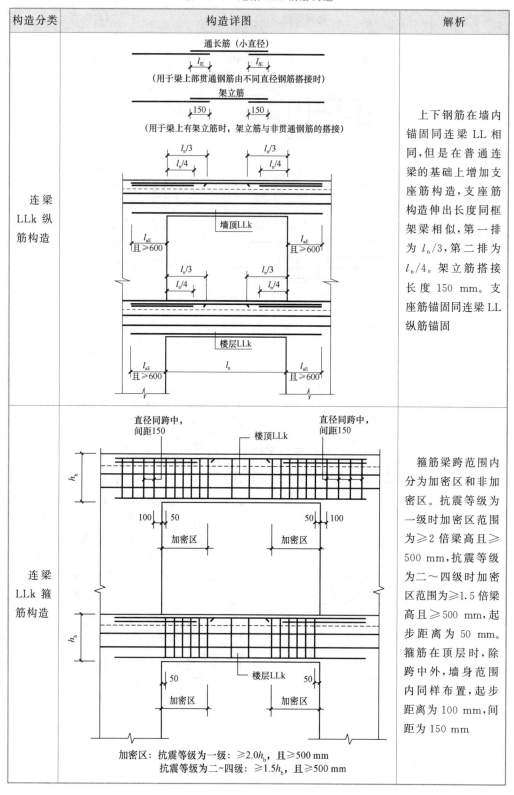	上下钢筋在墙内锚固同连梁 LL 相同,但是在普通连梁的基础上增加支座筋构造,支座筋构造伸出长度同框架梁相似,第一排为 $l_n/3$,第二排为 $l_n/4$。架立筋搭接长度 150 mm。支座筋锚固同连梁 LL 纵筋锚固
连梁 LLk 箍筋构造		箍筋梁跨范围内分为加密区和非加密区。抗震等级为一级时加密区范围为 ≥2 倍梁高且 ≥500 mm,抗震等级为二～四级时加密区范围为 ≥1.5 倍梁高且 ≥500 mm,起步距离为 50 mm。箍筋在顶层时,除跨中外,墙身范围内同样布置,起步距离为 100 mm,间距为 150 mm

3. 连梁侧面纵筋和拉结筋构造

连梁侧面纵筋和拉结筋构造,见表4.2.7。

表 4.2.7 连梁侧面纵筋和拉结筋构造

构造详图	解析
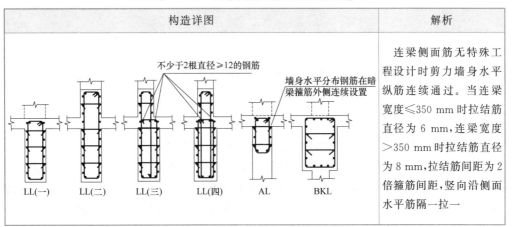	连梁侧面筋无特殊工程设计时剪力墙身水平纵筋连续通过。当连梁宽度≤350 mm 时拉结筋直径为 6 mm,连梁宽度＞350 mm 时拉结筋直径为 8 mm,拉结筋间距为 2 倍箍筋间距,竖向沿侧面水平筋隔一拉一

不少于2根直径≥12的钢筋

墙身水平分布钢筋在暗梁箍筋外侧连续设置

LL(一)　　LL(二)　　LL(三)　　LL(四)　　AL　　BKL

📖 任务实施

任务 4-5:根据能力 2 连梁钢筋构造的选择和应用内容,完成以下练习任务。

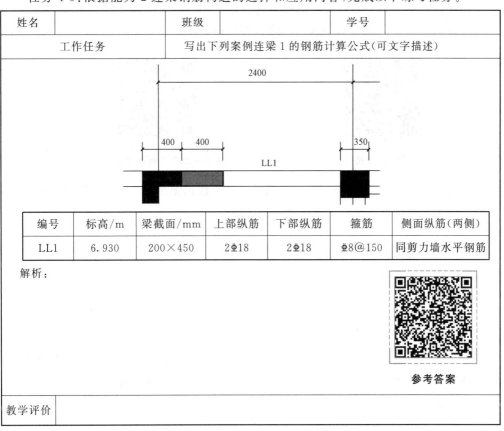

姓名		班级		学号	
工作任务		写出下列案例连梁1的钢筋计算公式(可文字描述)			

2400
400 400
350
LL1

编号	标高/m	梁截面/mm	上部纵筋	下部纵筋	箍筋	侧面纵筋(两侧)
LL1	6.930	200×450	2⊈18	2⊈18	⊈8@150	同剪力墙水平钢筋

解析:

参考答案

教学评价	

任务3　端柱平法识图与钢筋构造

墙柱的分类　　　　　　　　　墙柱平法施工图的表示方法

带着以上引导问题学习视频,结合情境3柱平法识图相关知识,按照识图→钢筋构造的顺序进入本任务的学习。

能力1　能识读端柱结构施工图

能力培养

一、剪力墙柱列表注写方式

剪力墙柱列表注写方式需注写墙柱编号、各段墙柱的起止标高及墙柱配筋信息,绘制配筋图,标注几何尺寸,见表4.3.1,剪力墙柱列表注写识图示例见表4.3.2。

表 4.3.1　剪力墙柱列表注写

截面	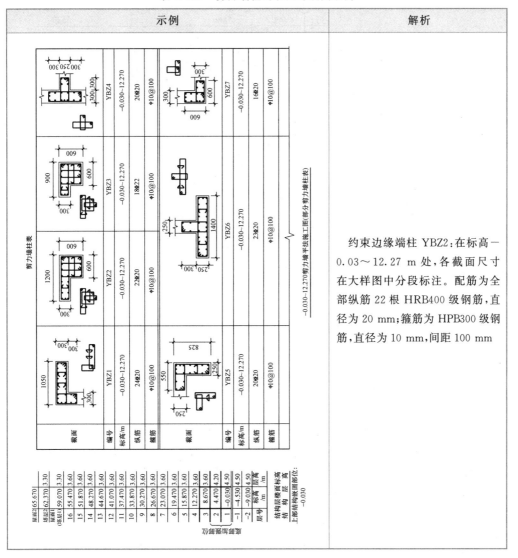		
编号	GBZ1	GBZ2	GBZ3
标高	5.600～25.650 m	5.600～25.650 m 5.600～26.550 m	5.600～25.650 m
纵筋	16⌀12	6⌀12	14⌀12
箍筋	Φ6@200（标注明外）	Φ6@200（标注明外）	Φ6@200（标注明外）

表 4.3.2　剪力墙柱列表注写识图示例

示例	解析
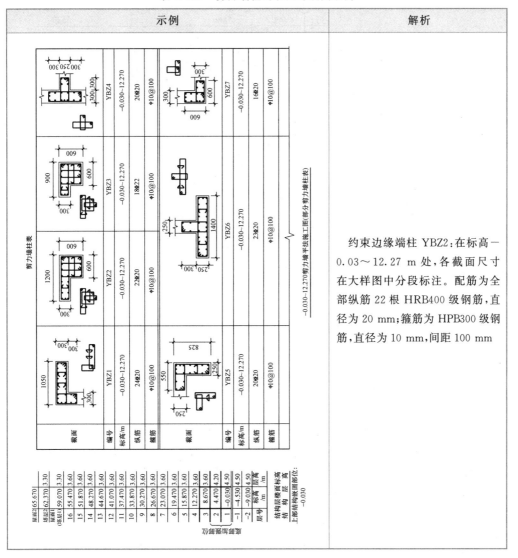	约束边缘端柱 YBZ2：在标高 −0.03～12.27 m 处，各截面尺寸在大样图中分段标注。配筋为全部纵筋 22 根 HRB400 级钢筋，直径为 20 mm；箍筋为 HPB300 级钢筋，直径为 10 mm，间距 100 mm

二、剪力墙柱截面注写方式

原位绘制墙柱截面配筋图,注明几何尺寸,并在各配筋图上继其编号后标注全部纵筋及箍筋的具体数值,墙柱截面注写方式识图示例见表4.3.3。

表 4.3.3　剪力墙柱截面注写方式识图示例

示例	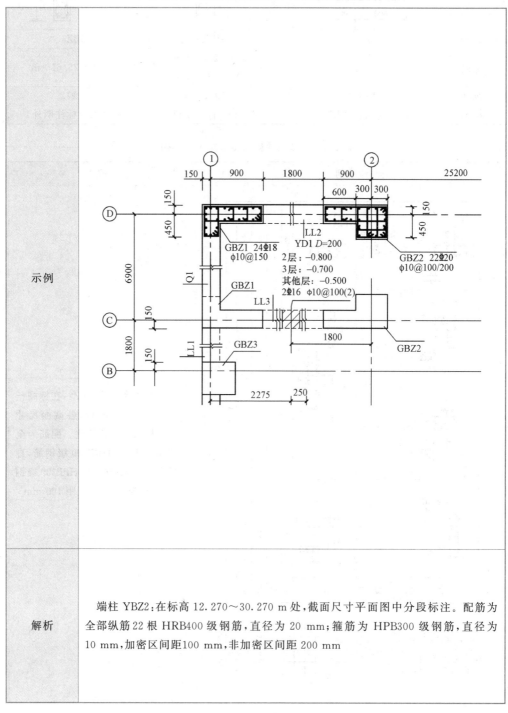
解析	端柱 YBZ2:在标高 12.270～30.270 m 处,截面尺寸平面图中分段标注。配筋为全部纵筋 22 根 HRB400 级钢筋,直径为 20 mm;箍筋为 HPB300 级钢筋,直径为10 mm,加密区间距100 mm,非加密区间距200 mm

任务 4-6:根据能力 1 端柱平法识图内容,完成以下练习任务。

姓名		班级		学号	
工作任务		解析下列案例端柱的识图并画出箍筋分离图			

YBZ3
基础顶~－2.100 m
18⊕18＋4⊕14
⊕10@100

解析:

参考答案

教学评价	

能力2 能选择和应用端柱钢筋构造

能力培养

22G101—1图集第2-24~2-26页讲述剪力墙柱钢筋构造,端柱钢筋构造分为约束边缘端柱和构造边缘端柱两种,见表4.3.4。

表4.3.4 端柱钢筋构造

构造分类	构造详图	解析
约束边缘端柱	纵筋、箍筋详见设计标注　拉筋详见设计标注　$h_c \geq 2b_w$　$b_c \geq 2b_w$　300　l_c　b_w 纵筋、箍筋详见设计标注　非阴影区封闭箍筋及拉筋详见设计标注　$h_c \geq 2b_w$　$b_c \geq 2b_w$　300　l_c　b_w	端柱凸出墙体截面宽和高需≥2倍墙厚。阴影区拉结筋满布,柱纵筋箍筋及阴影区拉结筋由设计指定。其中柱纵筋竖向构造同框架柱
构造边缘端柱	纵筋、箍筋详见设计标注　h_c　b_c	柱纵筋箍筋及阴影区拉结筋由设计指定。其中柱纵筋竖向构造同框架柱

任务 4-7：根据能力 2 端柱钢筋构造的选择和应用内容，完成以下练习任务。

姓名		班级		学号	
工作任务		计算下列案例端柱箍筋长度			

YBZ3
基础顶～－2.100 m
18Φ18＋4Φ14
Φ10@100

答：

参考答案

教学评价	

暗柱钢筋构造

从小砌匠到"大国工匠""95 后"代表邹彬话
匠心筑梦质量强国

复习思考题

一、单选题

1. 墙柱约束边缘构件的构件代号为（ ）。

    A. YJZ   B. AZ

    C. YAZ   D. YBZ

2. 注写墙梁时需注写截面尺寸 $b \times h$，上部纵筋、下部纵筋和（ ）的具体数值。

    A. 箍筋   B. 拉筋

    C. 标高   D. 形状

3. 跨高比不小于（ ）的连梁，按框架梁设计时（代号为 LLK××），采用平面注写方式，注写规则同框架梁，可采用适当比例单独绘制，也可与剪力墙平法施工图合并绘制。

    A. 3   B. 4   C. 5   D. 7

4. 剪力墙平面布置图上绘制洞口示意，并标注洞口中心的平面定位尺寸。在洞口中心位置引注洞口编号、洞口几何尺寸、洞口中心相对标高、（ ）共四项内容。

    A. 洞口每边补强钢筋   B. 洞口标高

    C. 连梁配筋   D. 洞口离地高度

二、多选题

1. 剪力墙墙身钢筋有(　　　)。
    A. 水平筋
    B. 竖向筋
    C. 拉筋
    D. 洞口加强筋

2. 剪力墙拉结筋布置形式分为(　　　)布置。
    A. 矩形
    B. 上下
    C. 双排
    D. 梅花

3. 下面关于剪力墙竖向钢筋构造描述错误的是(　　　)。
    A. 剪力墙竖向钢筋采用搭接时,必须在楼面以上≥500 mm 时搭接
    B. 剪力墙竖向钢筋采用机械连接时,没有非连接区域,可以在楼面处连接
    C. 三、四级抗震剪力墙竖向钢筋可在同一部位连接
    D. 剪力墙竖向钢筋顶部构造为到顶层板底伸入一个锚固值 l_{aE}

三、判断题

1. 当墙身所设置的水平与竖向分布钢筋的排数为 1 时可不注。　　　　　(　　　)
2. 剪力墙可视为由剪力墙柱、剪力墙身和剪力墙梁三类构件构成。　　　　(　　　)

参考答案

评价是否能完成墙平法施工图识读、墙钢筋构造的选择和应用,以及墙钢筋计量的学习;是否能完成各项任务、有无任务遗漏。学生进行自我评价,教师对学生进行评价,并将结果填入表中。

班级:	姓名:		学号:		
学习项目	墙平法识图与计量				
序号	评价项目	评分标准	满分	自评	师评
1	剪力墙的组成	了解墙的组成	5		
2	剪力墙身的识图	能正确识读剪力墙身	5		
3	剪力墙梁的识图	能正确识读剪力墙梁	5		
4	剪力墙柱的识图	能正确识读剪力墙柱	5		
5	剪力墙水平分布钢筋构造	能根据图纸理解并正确选择相关钢筋构造	10		
6	剪力墙竖向钢筋构造	能根据图纸理解并正确选择相关钢筋构造	10		
7	剪力墙拉结筋排布构造	能根据图纸理解并正确选择相关钢筋构造	5		
8	连梁钢筋构造	能根据图纸理解并正确选择相关钢筋构造	5		
9	端柱钢筋构造	能根据图纸理解并正确选择相关钢筋构造	10		
10	剪力墙身钢筋计算	能根据图纸计算相关钢筋工程量	10		
11	工作态度	态度端正,无无故缺勤、迟到、早退情况,专业严谨、规范意识	10		
12	团队协作、合理分工能力	与小组成员、同学之间能合作交流,协调工作	10		
13	创新意识	通过阅读 22G101 系列平法图集,能更好地理解图纸内容	10		
14	合计		100		

情境 5
梁平法识图与计量

引例

引例思考:楼层框架梁钢筋工程量计算,都需要掌握哪些基本知识?

某咨询公司办公室

实习生萌萌:彤彤,领导给我们练习的工程,我俩的柱和梁都画完了,我们来对一下工程量?

实习生彤彤:好呀,我也想知道自己画得怎么样,我俩先对一下,有问题改过了,再给领导看!

实习生萌萌:我们最近画的是梁,那我们就对梁吧!

实习生彤彤:好,我们先从首层的 KL1 开始? 我打开详细的钢筋计算,你也打开。

实习生萌萌:哎呀,这怎么对的第一根梁,我俩的钢筋量就不一样呢? 那我俩把钢筋分开看吧!

实习生彤彤:行,先看上部通长筋。净长+锚固,净长一样没问题,锚固怎么不一样呢?

实习生萌萌:是呢,你的锚固是 $600-25+15d$,为什么我的是 $37d$ 呢?

实习生彤彤:我也不知道啊,要不让李姐帮我们看看?

实习生萌萌:李姐,你有时间吗? 我俩梁钢筋量对不上了,能帮我们看一下吗?

李姐:可以啊,我刚刚也听到你俩说是锚固值对不上了,你俩的数据明显萌萌的是按照直锚计算的,彤彤的是按照弯锚计算的。

实习生彤彤:李姐,我俩把梁的信息都对了,没有问题啊,怎么还会出错呢?

李姐:梁钢筋的锚固长度是和支座宽度有关系的,梁要是没有问题,你俩再查查这根梁的支座,看看柱有没有错误!

实习生萌萌:还真是柱的问题,我画的柱尺寸是 700 mm×700 mm,彤彤画的柱是 600 mm×600 mm 的,柱宽不一样啊!

实习生彤彤:我找一下柱的图纸,确实是 700 mm×700 mm,是我把 KZ3 画成 KZ4,尺寸偏差了! 我太大意了!

实习生萌萌:真没想到,梁的量误差竟然是柱引起的……

李姐:是的,这样的情况会有很多,锚固的数值都会和支座有关系,支座宽度不同,直锚和弯锚区别就大了,一定要多注意!

实习生彤彤:是是李姐,我长知识了,下回一定注意,谢谢李姐!

李姐:不客气,想要工程量算得准,识图是第一位,然后根据图纸对照图集查找对应的钢筋构造是第二位!

➲ 知识目标

1. 掌握梁平法制图规则;
2. 熟悉梁的相关钢筋构造;
3. 掌握梁钢筋工程量的计算方法。

➲ 能力目标

1. 能够正确运用平法图集,准确查找梁相关各数据;
2. 能识读梁结构施工图中相关信息;
3. 能根据工程特点,选择合适的钢筋构造做法;
4. 能根据梁的结构施工图,计算梁的钢筋工程量。

➲ 素质目标

1. 培养学生良好的学习习惯和学习方法;
2. 培养学生将理论知识运用于实践的能力;
3. 培养学生空间思维能力;
4. 培养学生专业严谨的态度;
5. 培养学生的规范意识;
6. 培养学生团队协作、合理分工的能力。

导读

➲ 思维导图

```
                                                能力1  能识读楼层框架梁结构施工图
                            任务1 楼层框架平法识图与计量   能力2  能选择和应用楼层框架梁钢筋构造
                                                能力3  能计算楼层框架梁钢筋工程量
情境5 梁平法识图与计量
                                                能力1  能选择和应用非框架梁钢筋构造
                            任务2 非框架梁计量
                                                能力2  能计算非框架梁钢筋工程量
```

任务1　楼层框架梁平法识图与计量

📋**任务要求**

对实训办公楼结构图中梁平法施工图进行识图、审图,再进行相关楼层框架梁钢筋工程量计算工作。

📋**工作准备**

1. 阅读工作任务要求,识读楼层框架梁平法施工图纸,进行图纸分析。

2. 收集《混凝土结构施工图平面整体表示方法制图规则和构造详图(现浇混凝土框架、剪力墙、梁、板)》(22G101—1)、《混凝土结构施工钢筋排布规则与构造详图(现浇混凝土框架、剪力墙、梁、板)》(18G901—1)中有关楼层框架梁的制图规则和钢筋构造部分知识。

3. 结合任务要求分析梁平法施工图中识读和楼层框架梁钢筋计算的难点和常见问题。

引导问题1:梁的分类有哪些?

引导问题2:楼层框架梁的钢筋种类有哪些?

引导问题3:梁平法施工图的表示方式有哪几种?

引导问题4:梁平面注写方式中,集中标注的内容,五项必注值是什么?

引导问题5:梁平面注写方式中,原位标注的内容有哪些?

梁的分类

梁钢筋分类

梁平法施工图的表示方法

带着以上引导问题学习视频后,按照识图→钢筋构造→工程量计算的顺序进入本任务的学习。

能力1　能识读楼层框架梁结构施工图

📋**能力培养**

梁平面注写包括集中标注和原位标注,集中标注表达梁的通用数值,原位标注表达梁的特殊数值,如图5.1.1所示。

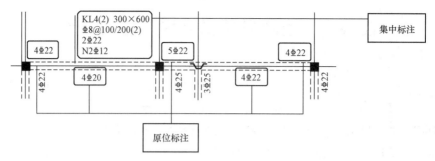

图 5.1.1 梁平面注写

梁集中标注　　　　　　梁原位标注

1. 梁集中标注

（1）梁编号。梁编号由代号、序号、跨数及是否有悬挑三部分组成,梁编号识图示例见表 5.1.1。

表 5.1.1　梁编号识图示例

编号	示例	解析
KL1(3)	KL1(3)	楼层框架梁 1、3 跨
KL2(2A)	KL2(2A)	楼层框架梁 2、2 跨,一端悬挑
KL3(2B)	KL3(2B)	楼层框架梁 3、2 跨,两端悬挑

（2）梁截面尺寸。梁截面尺寸为必注值,详见表 5.1.2,图示标注如图 5.1.2～图 5.1.4 所示。

表 5.1.2 梁截面尺寸

标注内容	制图规则
梁截面尺寸	当为等截面梁时,用 $b \times h$ 表示
	当为竖向加腋梁时,用 $b \times h$ $Yc_1 \times c_2$ 表示,其中 c_1 为腋长,c_2 为腋高
	当为水平加腋梁时,一侧加腋时用 $b \times h$ $PYc_1 \times c_2$ 表示,其中 c_1 为腋长,c_2 为腋宽,加腋部位应在平面图中绘制
	当有悬挑梁且根部和端部的高度不同时,用斜线分隔根部与端部的高度值,即为 $b \times h_1/h_2$

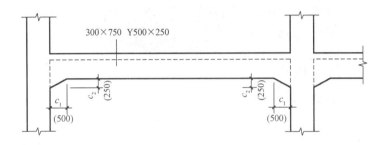

图 5.1.2　竖向加腋—截面尺寸

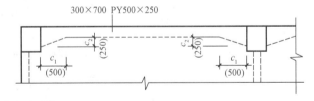

图 5.1.3　水平加腋—截面尺寸

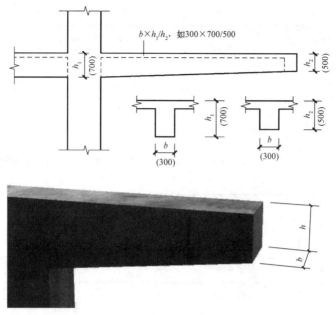

图 5.1.4　悬挑端截面高度变化—截面尺寸

(3)梁箍筋。梁箍筋注写内容包含钢筋等级、直径、加密区与非加密区间距及肢数。梁箍筋识图示例见表 5.1.3。

表 5.1.3　梁箍筋识图示例

编号	示例	解析
Φ10@100/200(4)	KL7(3) 300×700 Φ10@100/200(4) 2Φ25 N4Φ18 (-0.100)	表示箍筋为 HPB300 钢筋，直径为 10 mm，加密区间距为 100 mm，非加密区间距为 200 mm，均为四肢箍筋
Φ8@100 (4) /150(2)	KL3(3) 300×700 Φ8@100(4)/150(2) 2Φ25；4Φ25 N4Φ18 (-0.100)	表示箍筋为 HPB300 钢筋，直径为 8 mm，加密区间距为 100 mm，非加密区间距为 150 mm，两肢箍筋
18Φ12@150 (4) /200(2)	KL8(7) 300×700 18Φ12@150(4)/200(2) 2Φ25；4Φ25 N4Φ18 (-0.100)	表示箍筋为 HPB300 钢筋，直径为 12 mm，梁两端各有 18 个四肢箍筋，间距为 150 mm；梁跨中部分间距为 200 mm，两肢箍筋

梁箍筋肢数

(4)梁通长筋(架立筋)。梁的上下部纵筋的配筋值,在集中注写中需要写出钢筋的根数、等级、直径,梁通长筋识图示例见表5.1.4。

表 5.1.4 梁通长筋识图示例

通长筋	示例	解析
2Φ25	KL1(4) 300×700 Φ10@100/200(2) 2Φ25 G4Φ10	表示 2 根上部通长筋为 HRB400 钢筋,直径为 25 mm
2Φ25＋(1Φ20)	KL2(3) 300×700 Φ8@100/200(2) 2Φ25+(1Φ20) N4Φ18	表示 2 根上部通长筋为 HRB400 钢筋,直径为 25 mm。1 根架立筋为 HRB400 钢筋,直径为 20 mm
2Φ25;3Φ25	KL2(3) 300×700 Φ10@100/200(2) 2Φ25; 3Φ25 N4Φ18	表示 2 根上部通长筋为 HRB400 钢筋,直径为 25 mm。3 根下部通长筋为 HRB400 钢筋,直径为 25 mm

(5)侧面筋。当梁腹板高度 h_w≥450 mm 时,需配置纵向构造钢筋,侧面筋分为构造钢筋和受扭钢筋两种。在集中注写中需要写出钢筋的种类、根数、等级、直径。梁侧面筋识图示例见表5.1.5。

表 5.1.5 侧面筋识图示例

侧面筋	示例	解析
G4Φ10	KL1(4) 300×700 Φ10@100/200(2) 2Φ25 G4Φ10	表示侧面筋为构造配筋,钢筋为 HPB300 钢筋,直径为 10 mm。共 4 根每侧 2 根
N4Φ10	KL2(4) 300×700 Φ10@100/200(2) 2Φ25+(1Φ20) N4Φ10	表示侧面筋为受扭钢筋,钢筋为 HPB300 钢筋,直径为 10 mm。共 4 根每侧 2 根

(6)梁顶面标高高差。梁顶面标高高差项为选注项,一般注写相对于结构层楼面的高差值。无高差时不需注写,有高差时注写在括号内,高于结构层楼面的用"＋",低于结构层楼面的用"－",如图 5.1.5 所示。

KL7(3) 300×700
Φ10@100/200(4)
2Φ25
N4Φ18
(−0.050)

图 5.1.5　梁顶面标高高差

2. 梁原位标注

(1)梁支座上部纵筋。梁支座上部纵筋是指标注该位置的所有纵筋,包括通长筋在内的所有纵筋。梁支座上部纵筋识图示例见表 5.1.6。

表 5.1.6　梁支座上部纵筋识图示例

支座筋	示例	解析
6Φ20 4/2	KL4(2) 300×700 Φ10@100/200(2) 4Φ20;4Φ22 6Φ20 4/2　　　　6Φ20 4/2　　　　6Φ20 4/2	表示支座处共6根直径20 mm的 HRB400 级钢筋,分为 2 排,第一排 4 根,其中包含 2 根通长筋,第二排 2 根
2Φ20＋2Φ18	KL5(2) 300×700 Φ8@100/200(2) 2Φ20;4Φ22 2Φ20+2Φ18　　　6Φ20 4/2　　　2Φ20+2Φ18	表示左右两个支座处共 4 根 HRB400 级钢筋,其中 2 根直径 20 mm 的为通长筋,2 根直径为 18 mm 的为非通长筋

(2)梁下部纵筋。如果梁构件中未标注下部通长筋,则在每跨原位标注各跨下部钢筋。梁支座下部纵筋识图示例见表 5.1.7。

表 5.1.7　梁下部纵筋识图示例

下部纵筋	示例	解析
4Φ20	KL6(2) 300×700 Φ10@100/200(2) 2Φ20 4Φ20　　　　4Φ20　　　　4Φ20 4Φ20　　　　4Φ20	表示下部纵筋共 4 根直径 20 mm 的 HRB400 级钢筋

126

下部纵筋	示例	解析
4Φ20 (一2)	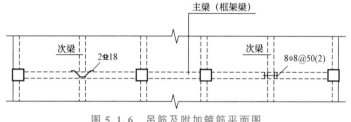	表示下部纵筋共4根直径为20 mm的HRB400级钢筋。其中,中间的两根不锚固到支座内

（3）梁附加箍筋及吊筋。附加箍筋或吊筋直接画在平面图中的主梁上,用直线引注总配筋值,并将附加箍筋的肢数写在括号内。吊筋及附加箍筋平面图如图5.1.6所示,三维展示图如图5.1.7所示。

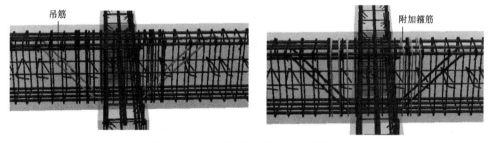

图 5.1.6　吊筋及附加箍筋平面图

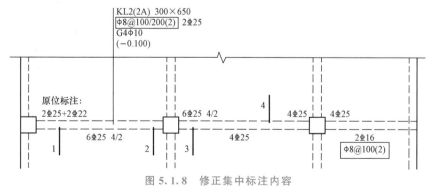

图 5.1.7　吊筋及附加箍筋三维展示图

（4）修正集中标注内容。集中标注中的某项数值不适用于梁的某部位时,则将该项数值原位标注,施工时,原位标注取值优先。图5.1.8中第三跨位置箍筋按 Φ8@100(2)设置箍筋。

图 5.1.8　修正集中标注内容

任务 5-1：根据能力 1 楼层框架梁平法识图内容，完成以下练习任务。

姓名		班级		学号	
工作任务		解析实训办公楼案例结施—08 中 KL4 的集中标注和原位标注含义			
KL4(2)					
300×600					
Φ8@100/200(2)					
2Φ22					
N2Φ12					
一跨左支座 4Φ22					
二跨左支座 5Φ22					
二跨下部 4Φ22					

KL4(2) 300×600
Φ8@100/200(2)
2Φ22
N2Φ12

4Φ22   5Φ22   4Φ22

4Φ22   4Φ20   4Φ25   3Φ25   4Φ22   4Φ22

参考答案

教学评价	

任务 5-2:根据能力 1 楼层框架梁平法识图内容,完成以下练习任务。

姓名		班级		学号	
工作任务		解析实训办公楼案例结施 08 中 KL7 的部分集中标注和原位标注含义			
KL7(2a)					
$300\times600/400$					
二跨下部 $\Phi10@100/200(2)$					

KL7(2a) 300×600
$\Phi10@100/200(2)$
$2\Phi25$
$N2\Phi12$

$4\Phi25$ $4\Phi25$ $6\Phi25$ $4/2$ $4\Phi25$

$300\times600/400$ $4\Phi18$ $4\Phi25$
$4\Phi18$ $\Phi10@100(2)$

参考答案

教学评价	

能力2　能选择和应用楼层框架梁钢筋构造

一、楼层框架梁钢筋构造

22G101—1图集第2-33～2-39页讲述楼层框架梁钢筋构造,楼层框架梁的钢筋构造见表5.1.8,钢筋形式如图5.1.9所示。

表5.1.8　楼层框架梁的钢筋构造

楼层框架梁钢筋构造	梁上部钢筋构造	上部通长筋端支座锚固构造
		支座上部纵筋构造
		架立筋构造
	梁下部纵筋构造	下部纵筋端支座锚固构造
		下部纵筋在中间支座的锚固构造
	梁侧面纵筋与拉筋构造	侧面纵筋构造
		拉筋构造
	梁箍筋构造	箍筋加密区与非加密区
		箍筋起步距离
	附加箍筋及吊筋构造	

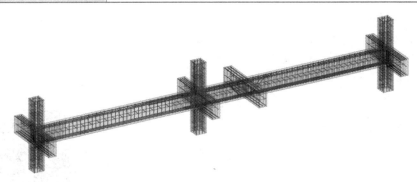

图5.1.9　框架梁钢筋形式

1. 梁上部钢筋构造

(1)上部通长筋端支座锚固构造。梁上部钢筋端支座锚固分为弯锚、直锚两种情况,如图5.1.10和图5.1.11所示。

130

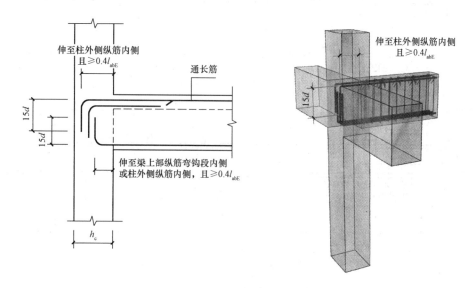

图 5.1.10　梁上部通长筋端支座弯锚

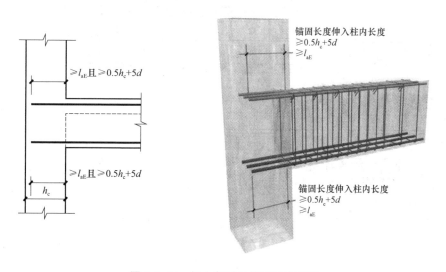

图 5.1.11　梁上部通长筋端支座直锚

(2)支座上部纵筋构造。梁端部支座上部纵筋锚固同上部通长筋,伸入梁内长度:第一排支座负筋伸出长度 $l_n/3$;第二排支座负筋伸出长度 $l_n/4$,如图 5.1.12所示。

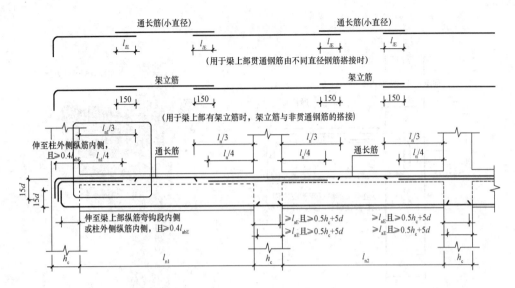

图 5.1.12　纵向钢筋构造(一)

（3）架立筋构造。架立筋与支座负筋搭接，搭接长度为 150 mm，如图 5.1.13 所示。

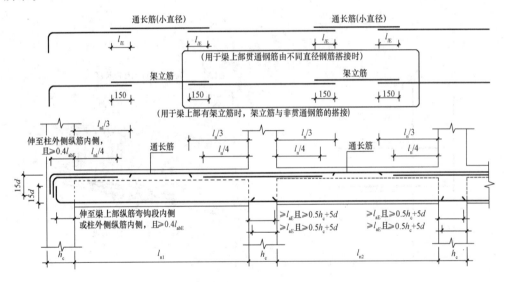

图 5.1.13　纵向钢筋构造(二)

梁截面尺寸不同钢筋构造

2. 梁下部纵筋构造

（1）下部纵筋端支座锚固构造。同上部通长筋。

（2）下部纵筋在中间支座的锚固构造。长度需满足$\geq l_{aE}$且$\geq 0.5h_c+5d$，如图5.1.14所示。

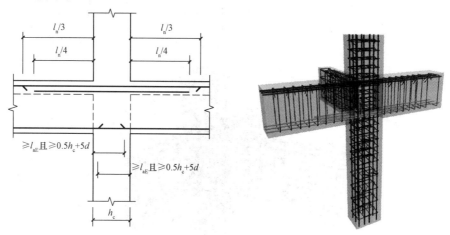

图 5.1.14　下部纵筋在中间支座的锚固构造

3. 梁侧面纵筋与拉筋构造

（1）侧面纵筋构造。包括侧面构造筋和受扭筋两种，见表5.1.9。

表 5.1.9　梁侧面纵筋与拉筋构造

构造筋（G）	受扭筋（N）
当梁腹板高度$h_w \geq 450$ mm时，应在两侧面配置构造钢筋，侧面构造筋竖向间距$a \leqslant 200$ mm	当梁受到较大扭矩作用时，应在梁侧面配置一定数量的受扭筋，受扭筋替代构造筋，受扭筋的数量应满足承载力的要求，并满足构造筋竖向间距的要求

侧面构造筋属于非受力筋，搭接和锚固长度可取$15d$。

受扭筋属于受力筋，搭接和锚固长度取值同框架梁下部纵筋，搭接长度为l_{lE}或l_l，直锚长度为l_{aE}或l_a，如图5.1.15所示。

（2）拉筋构造。拉筋是用来固定梁侧面纵筋的，所以有侧面纵筋时才需要拉筋。当梁宽$b \leqslant 350$ mm时，拉筋直径为6 mm；当梁宽$b > 350$ mm时，拉筋直径为8 mm。拉筋间距为非加密区箍筋间距的2倍。当设有多排拉筋时，上、下两排拉筋竖向错开布置，如图5.1.16所示。

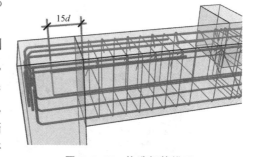

图 5.1.15　构造钢筋锚固

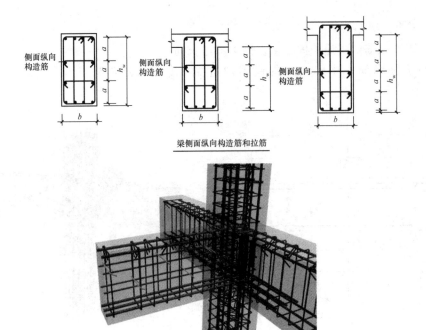

图 5.1.16 拉筋构造

4. 梁箍筋构造

(1)箍筋加密区与非加密区,如图 5.1.17 所示。

(2)箍筋起步距离,距柱边 50 mm。

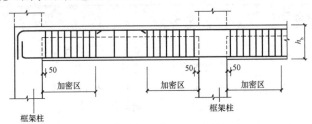

加密区:抗震等级为一级:≥2.0h_b且≥500
抗震等级为二~四级:≥1.5h_b且≥500

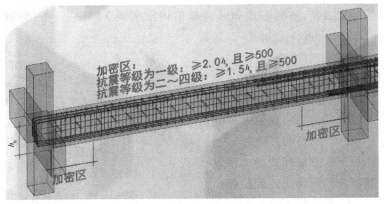

图 5.1.17 框架梁箍筋加密区范围

5. 附加箍筋及吊筋构造

附加箍筋在次梁两侧对称布置,且附加箍筋范围内梁正常箍筋或加密区箍筋照常设置,如图 5.1.18 所示。吊筋如图 5.1.19 所示。

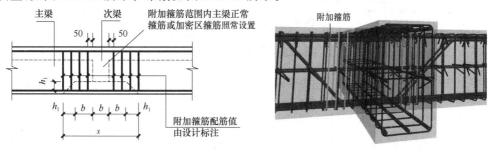

图 5.1.18　附加箍筋范围

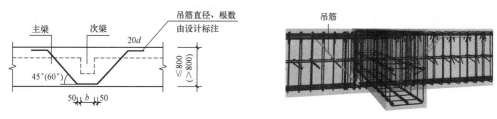

图 5.1.19　附加吊筋构造

二、楼层框架梁钢筋计算公式

楼层框架梁钢筋计算可以总结归纳为表 5.1.10。

表 5.1.10　楼层框架梁钢筋计算公式

编号	构造内容	计算公式
1	上部通长筋长度	左支座锚固＋净长＋右支座锚固
2	端支座上部纵筋长度	支座锚固＋伸入跨内长度
3	中间支座上部纵筋长度	伸入跨内长度＋支座宽＋伸入跨内长度
4	下部纵筋长度	左支座锚固＋净长＋右支座锚固
5	侧面筋长度	左支座锚固＋净长＋右支座锚固
6	拉筋长度	同柱单肢箍
7	拉筋根数	[ceil（跨长－50×2)/间距＋1]×排数
8	箍筋长度	同柱箍筋
9	箍筋根数	ceil(左加密区长度－50)/加密区间距＋1＋ceil（跨长－左加密区长度－右加密区长度)/非加密区间距－1＋ceil(右加密区长度－50)/加密区间距＋1
10	吊筋长度	2×20d＋2×斜段长度＋次梁宽度 b＋2×50

任务 5-3：根据能力 2 楼层框架梁钢筋构造的选择和应用内容，完成以下练习任务。

姓名		班级		学号	
工作任务		文字描述实训办公楼案例结施—08 中首层 KL4 的各部位钢筋计算公式			
上部通长筋 2Φ22					
第一跨下部纵筋 4Φ20					
第二跨下部纵筋 4Φ22					
第一跨左支座 4Φ22					
第二跨左支座 5Φ22					
侧面筋 N2Φ12					
吊筋 2Φ18					
第二跨箍筋加密区长度（三级抗震）					
拉筋直径及间距					

KL4(2) 300×600
Φ8@100/200(2)
2Φ22
N2Φ12

4Φ22 5Φ22 4Φ22

4Φ22 4Φ20 4Φ25 3Φ25 4Φ22 4Φ22

参考答案

教学评价	

任务 5-4：根据能力 2 楼层框架梁钢筋构造内容，完成以下练习任务。

姓名		班级		学号	
工作任务		文字描述实训办公楼案例结施—09 中顶层 WKL5 的各部位钢筋计算公式			
上部通长筋					
第一跨下部纵筋					
第二跨下部纵筋					
第二跨左支座 5Φ22					
吊筋 2Φ18					
第二跨箍筋根数					

WKL5(2) 300×600
Φ8@100/200(2)
2Φ25
G2Φ12

3Φ25   6Φ25 4/2   3Φ25

4Φ18   5Φ25
                                  300×700
                                  Φ10@100(2)

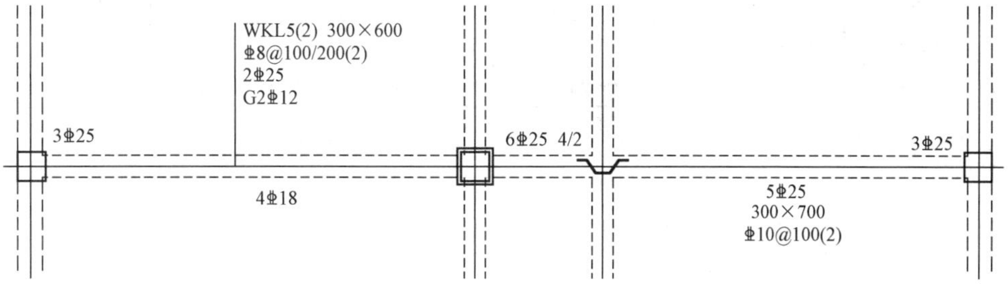

参考答案

教学评价	

任务 5-5:根据能力 2 楼层框架梁钢筋构造的选择和应用内容,完成以下练习任务。

姓名		班级		学号	
工作任务		简述下面构造与楼层框架梁构造的区别			

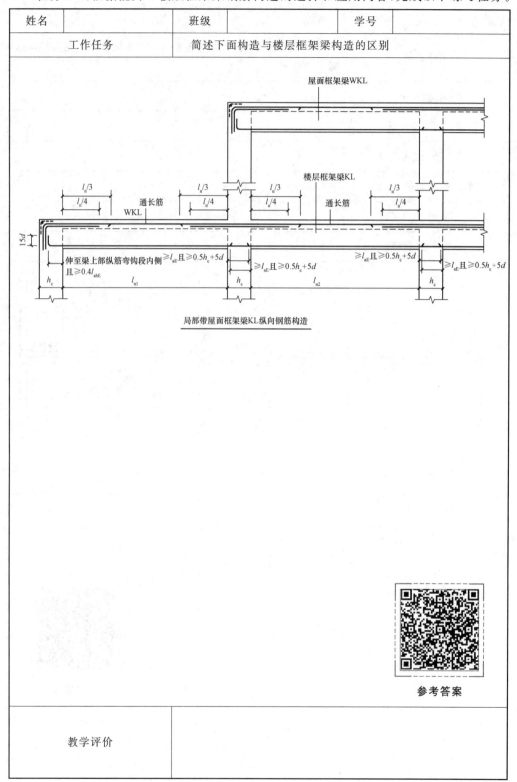

局部带屋面框架梁KL纵向钢筋构造

教学评价	

任务 5-6:根据能力 2 楼层框架梁钢筋构造内容,完成以下练习任务。

姓名		班级		学号	
工作任务		简述下面构造与楼层框架梁构造的区别			

框架梁(KL、WKL)与剪力墙平面外构造(一)
(用于墙厚较小时)

参考答案

教学评价	

能力 3　能计算楼层框架梁钢筋工程量

楼层框架梁计算

在能力 1 和能力 2 中我们学习了楼层框架梁的识图以及钢筋构造,本节以实训办公楼案例图纸为例,进行结施—08 中①轴~Ⓐ—Ⓓ轴 KL4 的钢筋计算。KL4 平法施工图如图 5.1.20 所示。计算相关条件见表 5.1.11。KL4 钢筋计算过程见表 5.1.12。

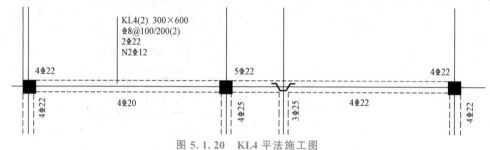

图 5.1.20　KL4 平法施工图

表 5.1.11　计算相关条件

条件	参数	来源
混凝土强度等级	C30	结施—01
抗震等级	三级	结施—01
支座宽度/mm	400×400	结施—06
保护层厚度	柱:20;梁:20	结施—01
l_{aE}	37d	22G101—1 第 2-2 页

表 5.1.12　KL4 钢筋计算过程

钢筋种类	钢筋型号	等级	长度计算公式
上部通长筋	22	HRB400 级	判断支座锚固形式: 支座宽－保护层 400－20<l_{aE}＝37×22,故端支座锚固为弯锚 长度:(400－20＋15×22－2.08×22)×2＋13100＝14428.48(mm) 根数:2 根

钢筋种类	钢筋型号	等级	长度计算公式
左支座钢筋	22	HRB400 级	长度：$(400-20+15\times22-2.08\times22)+(6300-200-200)/3=$ 2630.91(mm) 根数：2 根
中间支座钢筋	22	HRB400 级	长度：$(1800+5400-200-200)/3\times2+400=4933.33$(mm) 根数：3 根
右支座钢筋	22	HRB400 级	长度：$(400-20+15\times22-2.08\times22)+(1800+5400-200-$ $200)/3=2930.91$(mm) 根数：2 根
侧面钢筋	12	HRB400 级	22G101—1 第 2-41 页注： 梁侧面构造纵筋的搭接与锚固长度可取 $15d$。梁侧面受扭纵筋的搭接长度为 l_{lE} 或 l_l，其锚固长度为 l_{aE} 或 l_a，锚固方式同框架梁下部纵筋
			长度：$(400-20+15\times12-2.08\times12)\times2+13100=14170.08$(mm) 根数：2 根
下部非通长筋	20	HRB400 级	长度：$(400-20+15\times20-2.08\times20)+(6300-200-200)+(37\times$ $20)=7278.4$(mm) 根数：4 根
	22	HRB400 级	长度：$(400-20+15\times22-2.08\times22)+(1800+5400-200-$ $200)+(37\times22)=8278.24$(mm) 根数：4 根
箍筋	8	HRB400 级	 加密区：抗震等级为一级：$\geqslant2.0h_b$且$\geqslant500$ 抗震等级为二~四级：$\geqslant1.5h_b$且$\geqslant500$
			长度：$(300+600)\times2-8\times20+80\times2-2.08\times8\times3+2.9\times8\times$ $2=1796.48$(mm)
			加密区根数：$[\max(1.5\times600,500)-50]/100+1=10$（根）
			非加密区根数 1：$(5900-900\times2-50)/200-1=20$（根）
			非加密区根数 2：$(6300-900\times2-50)/200-1=22$（根）

钢筋种类	钢筋型号	等级	长度计算公式
拉筋	6	HRB300 级	22G101—1 第 2-41 页注: 当梁宽≤350 mm 时,拉筋直径为 6 mm;梁宽>350 mm 时,拉筋直径为 8 mm。拉筋间距为非加密区箍筋间距的 2 倍,当设有多排拉筋时,上下两排拉筋竖向错开设置
			长度:$(300-20\times2)+75\times2+1.9\times6\times2=432.8(\text{mm})$
			根数 1 跨:$(6300-200-200-50\times2)/400+1=16(\text{根})$
			根数 2 跨:$(1800+5400-200-200-50\times2)/400+1=18(\text{根})$
吊筋	18	HRB400 级	 第二跨次梁截面尺寸为 300 mm×550 mm
			长度:$(2\times20\times18)+(300+50+50-1.657\times18)+[1.414\times(550-20\times2)-3.485\times18]\times2=2406.99(\text{mm})$ 根数:2 根 吊筋的计算

任务 5-7:根据能力 3 楼层框架梁计量中所学内容,完成以下练习任务。

姓名			班级		学号	
工作任务			计算实训办公楼案例结施—08 中 KL5 的各钢筋长度及根数			

序号	构件名称	图示位置	钢筋种类	钢筋直径/mm	等级	长度计算公式	长度/mm	根数计算公式	根数/根
1	KL5	③轴/Ⓐ～Ⓓ轴	上部通长筋						
			左支座钢筋						
			中间支座钢筋 1 排						
			中间支座钢筋 2 排						
			右支座钢筋						
			侧面钢筋						
			下部非通长筋 1 跨						
			下部非通长筋 2 跨						
			箍筋 1 跨(加密区)						
			箍筋 1 跨(非加密区)						
			箍筋 2 跨						
			拉筋(第一跨)						
			拉筋(第二跨)						
			吊筋						

参考答案

教学评价	

任务 2 非框架梁计量

对实训办公楼结构图中梁平法施工图进行识图、审图,再进行相关非框架梁钢筋工程量计算工作。

1. 阅读工作任务要求,识读非框架梁平法施工图纸,进行图纸分析。

2. 收集《混凝土结构施工图平面整体表示方法制图规则和构造详图(现浇混凝土框架、剪力墙、梁、板)》(22G101—1)、《混凝土结构施工钢筋排布规则与构造详图(现浇混凝土框架、剪力墙、梁、板)》(18G901—1)中有关非框架梁的制图规则和钢筋构造部分知识。

3. 结合任务要求分析非框架梁钢筋计算的难点和常见问题。

引导问题1:非框架梁的钢筋有哪些?

引导问题2:楼层框架梁与非框架梁下部纵筋构造的区别是什么?

带着以上引导问题,结合楼层框架梁钢筋构造,按照钢筋构造→工程量计算的顺序进入本任务的学习。

能力 1 能选择和应用非框架梁钢筋构造

非框架梁钢筋构造

22G101—1图集第2-40页讲述非框架梁构件的各钢筋构造。非框架梁主要钢筋构造见表5.2.1。

表 5.2.1 非框架梁主要钢筋构造

非框架梁钢筋构造	梁上部钢筋构造	上部通长筋端支座锚固构造
		支座上部纵筋构造
	梁下部纵筋构造	下部纵筋端支座锚固构造
		下部纵筋在中间支座的锚固构造

1. 梁上部钢筋构造

(1)上部通长筋端支座锚固构造。梁上部钢筋端支座锚固同楼层框架梁,分为直锚、弯锚两种情况,直锚长度为 l_a。

(2)支座上部纵筋构造。

1)端支座负筋延伸长度从支座边算起(不含支座)按铰接时长度为$\geqslant l_n/5$；充分利用钢筋的抗拉强度时$\geqslant l_n/3$。

2)中间支座负筋延伸长度从支座两侧算起(不含支座)，单侧伸出长度$\geqslant l_n/3$，如图5.2.1所示。

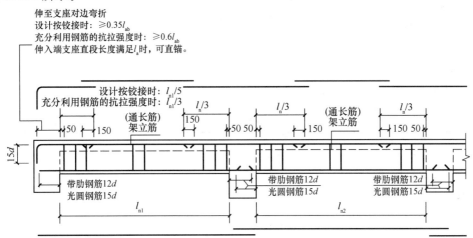

图5.2.1 非框架梁配筋构造

2. 梁下部纵筋构造

(1)下部纵筋端支座锚固构造。下部钢筋分为直锚、弯锚两种情况，直锚长度为$12d$，钢筋构造如图5.2.2所示。

图5.2.2 钢筋构造

弯锚根据施工条件，有两种情况：

1)伸至支座对边弯折135°，弯钩平直段光圆钢筋为$5d$，带肋钢筋$\geqslant 7.5d$；

2)伸至支座对边弯折90°，弯钩平直段光圆钢筋为$12d$，带肋钢筋$\geqslant 7.5d$。

(2)下部纵筋在中间支座的锚固长度。带肋钢筋为$12d$，如图5.2.3所示。

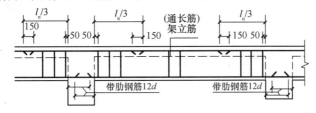

图5.2.3 下部纵向钢筋在中间支座的锚固长度带肋钢筋

任务 5-8：根据能力 1 非框架梁构造内容，完成以下练习任务。

姓名		班级		学号	
工作任务		文字描述实训办公楼案例结施—08 中首 L2 的各部位钢筋计算公式			
上部通长筋 3⊈16					
下部通长筋 4⊈22					
箍筋 ⊈8@200 （根数计算式）					
侧面筋 G2⊈12					
拉筋直径及间距					
				参考答案	
教学评价					

能力 2　能计算非框架梁钢筋工程量

能力培养

在能力 1 中我们学习了非框架梁的钢筋构造,非框架梁的钢筋计算相对框架梁计算简单,本节以实训办公楼案例图纸为例,我们进行结施—08 中②轴~Ⓒ－Ⓓ轴 L3 的钢筋计算。L3 平法施工图如图 5.2.4 所示。计算相关条件见表 5.2.2。L3 钢筋计算过程见表 5.2.3。

图 5.2.4　L3 平法施工图

表 5.2.2　计算相关条件

条件	参数	来源
混凝土强度等级	C30	结施—01
抗震等级	三级	结施—01
保护层厚度/mm	柱:20;梁:20	结施—01
轴线尺寸/mm	5400	结施—08
支座宽度/mm	300	结施—08

表 5.2.3　L3 钢筋计算过程

钢筋种类	钢筋型号	等级	长度计算公式
下部通长筋	16	HRB400 级	带肋钢筋12d 光滑钢筋15d 判断支座锚固形式: 支座宽－保护层＝300－20＞12×16,故端支座锚固为直锚 长度:12×16×2＋(5400－150－100)＝5534(mm) 根数:3 根

钢筋种类	钢筋型号	等级	长度计算公式
上部通长筋	20	HRB400 级	长度:(5400−150−100)+(300−20+15×20−2.08×20)×2=6226.8(mm) 根数:4 根
箍筋	8	HRB300 级	长度:(300+450)×2−8×20+80×2−2.08×8×3+2.9×8×2=1496.48(mm)
			根数:[(5400−150−100)−50×2]/200+1=27(根)

📑 **任务实施**

任务 5-9:根据能力 2 非框架梁计量中所学内容,完成以下练习任务。

姓名			班级			学号		
工作任务		计算实训办公楼案例结施—08 中 L2 的各钢筋长度及根数						
序号	构件名称	图示位置	钢筋种类	钢筋直径/mm	等级	长度计算公式	长度/mm	根数计算公式	根数/根
1	L2	②轴/Ⓐ~Ⓑ轴	上部通长筋						
			下部通长筋						
			侧面钢筋						
			箍筋						
			拉筋						
							参考答案		
	教学评价								

屋面框架梁钢筋构造

框扁梁钢筋构造

全国建筑行业"大国工匠"高峰：
锤炼工匠本色,书写奋斗华章!

复习思考题

填空题

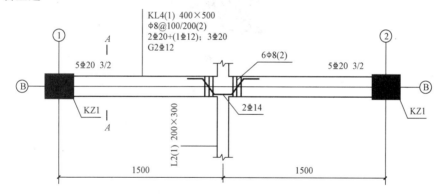

KL4(1)

        (   )

        (   )

        (   )

1Φ12

        (   )

        (   )

        (   )

Φ8@10/200(2)

        (   )

        (   )

        (   )

        (   )

        (   )

5Φ20 3/2

        (   )

        (   )

        (   )

        (   )

        (   )

图中的集中标注 G2Φ12 表示 _____

图中的原位标注 2Φ14 表示 _____

图中的 L2(1)200×300 表示 _____

参考答案

　　评价是否能完成梁平法施工图识读、梁钢筋构造的选择和应用,以及梁钢筋计量的学习;是否能完成各项任务、有无任务遗漏。学生进行自我评价,教师对学生进行评价,并将结果填入表中。

班级:		姓名:		学号:	
学习项目		梁平法识图与计量			
序号	评价项目	评分标准	满分	自评	师评
1	梁的分类	能根据不同类型工程,判断梁的类别	5		
2	梁钢筋的分类	能根据不同类别梁,判断钢筋的类别	5		
3	梁的平面注写方式	能正确识读平面注写方式的梁	10		
4	梁的截面注写方式	能正确识读截面注写方式的梁	5		
5	楼层框架梁上、下部钢筋构造	能根据图纸正确选择并理解相关钢筋构造	10		
6	楼层框架梁侧面钢筋构造	能根据图纸正确选择并理解相关钢筋构造	5		
7	楼层框架梁箍筋构造	能根据图纸正确选择并理解相关钢筋构造	10		
8	楼层框架梁拉筋构造	能根据图纸正确选择并理解相关钢筋构造	5		
9	楼层框架梁其他钢筋构造	能根据图纸正确选择并理解相关钢筋构造	5		
10	非框架梁钢筋构造	能根据图纸正确选择并理解相关钢筋构造	5		
11	楼层框架梁钢筋计算	能根据图纸计算相关钢筋工程量	10		
12	非框架梁钢筋计算	能根据图纸计算相关钢筋工程量	5		
13	工作态度	态度端正,无无故缺勤、迟到、早退情况,专业严谨、规范意识	5		
14	团队协作、合理分工能力	与小组成员、同学之间能合作交流,协调工作	5		
15	创新意识	通过阅读22G101系列平法图集,能更好地理解图纸内容	10		
16	合计		100		

引例

引例思考:板负筋在 16G101 中和 22G101 中有什么区别?

某咨询公司办公室

实习生小李:陈工,你上周给我们练习的工程量,我和小辉在对量的时候出现了分歧,您方便帮我们看一下吗?

陈工:好的! 哪里不一样了?

实习生小辉:我俩板的负筋对不上!

陈工:负筋长度还是根数? 要是根数就可能是识别的时候,布置范围出现偏差,没有及时地调整!

实习生小李:不是根数,是长度。

实习生小辉:是的,小李计算的负筋长度有两边的弯折,我这个没有弯折!

陈工:你们要是计算规则没选错的话,应该都是一样的,前面的计算规则你俩对比了吗?

实习生小李:没有对比,我选择的是 16G101。

实习生小辉:我选择的是 22G101! 我俩这个选择得不一样啊!

陈工:这就找到原因了! 22G101 里面这部分做了修改,板负筋取消弯折段了,这是板最大的变化!

实习生小李:原来是这样,我们以为没有什么区别,就没注意前面的规则!

实习生小辉:是的,我也忽略了,那我俩统一一下!

陈工:好的,练习的时候可以,做真实工程的时候可不能大意了!

实习生小李、小辉:好的,陈工,我们一定注意!

知识目标

1. 掌握板平法制图规则;

2. 熟悉板的相关钢筋构造;

3. 掌握板钢筋工程量的计算方法。

能力目标

1. 能够正确运用平法图集，准确查找板相关各数据；
2. 能识读板结构施工图中相关信息；
3. 能根据工程特点，选择合适的钢筋构造做法；
4. 能根据板的结构施工图，计算板的钢筋工程量。

素质目标

1. 培养学生良好的学习习惯和学习方法；
2. 培养学生将理论知识运用于实践的能力；
3. 培养学生空间思维能力；
4. 培养学生专业严谨的态度；
5. 培养学生的规范意识；
6. 培养学生团队协作、合理分工的能力。

导读

思维导图

情境6 板平法识图与计量 —— 任务1 有梁楼盖板平法识图与计量 —— 能力1 能识读有梁楼盖板结构施工图

能力2 能选择和应用有梁楼盖板钢筋构造

能力3 能计算有梁楼盖板钢筋工程量

任务 1 有梁楼盖板平法识图与计量

任务要求

对实训办公楼结构图中板平法施工图进行识图、审图，再进行相关有梁楼盖板钢筋工程量计算工作。

工作准备

1. 阅读工作任务要求，识读有梁楼盖板平法施工图纸，进行图纸分析。
2. 收集《混凝土结构施工图平面整体表示方法制图规则和构造详图（现浇混凝土框架、剪力墙、梁、板）》（22G101—1）、《混凝土结构施工钢筋排布规则与构造详图（现浇混凝土框架、剪力墙、梁、板）》（18G901—1）中有关有梁楼盖板的制图规则和钢筋构造部分知识。
3. 结合任务要求分析板平法施工图识读和有梁楼盖板钢筋计算的难点和常见问题。

引导问题1：板的分类有哪些？

引导问题2:有梁楼盖板的钢筋种类有哪些?

引导问题3:板的钢筋种类有哪些?

引导问题4:有梁楼盖板平面注写中,板块集中标注的内容有哪些?

引导问题5:有梁楼盖板平面注写中,板支座原位标注的内容有哪些?

板的钢筋分类

板平法施工图的表示方法

带着以上引导问题学习视频后,按照识图→钢筋构造→工程量计算的顺序进入本任务的学习。

能力1 能识读有梁楼盖板结构施工图

能力培养

有梁楼盖板平法施工图制图规则采用平面注写的方式。板平面注写主要包括板块集中标注和板支座原位标注,如图6.1.1所示。

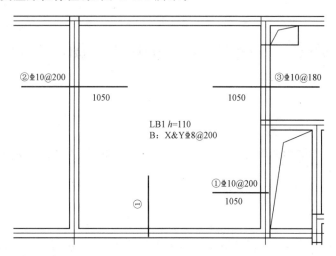

图6.1.1 有梁楼盖板平法施工

1. 板块集中标注

(1)板块编号。板块编号由代号和序号组成,板块编号识图示例见表6.1.1。

表 6.1.1　板块编号识图示例

编号	示例	解析
LB1	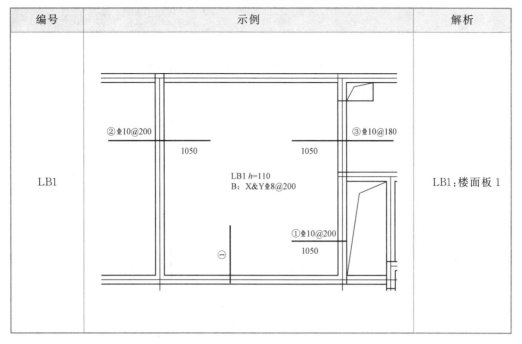	LB1:楼面板 1

（2）板厚。注写为 $h=\times\times\times$（为垂直于板面的厚度），板厚识图示例见表 6.1.2。

表 6.1.2　板厚识图示例

编号	示例	解析
LB1	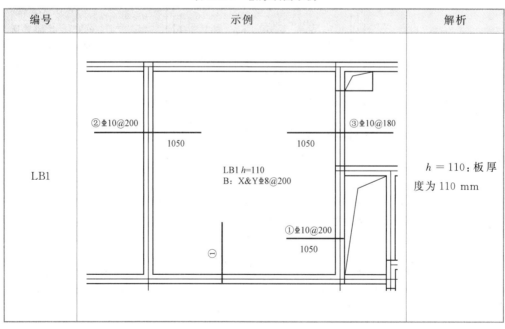	$h=110$：板厚度为 110 mm

（3）纵筋。按板块的下部纵筋和上部贯通纵筋分别注写，板纵筋识图示例见表 6.1.3。

表 6.1.3　板纵筋识图示例

编号	示例	解析
LB1	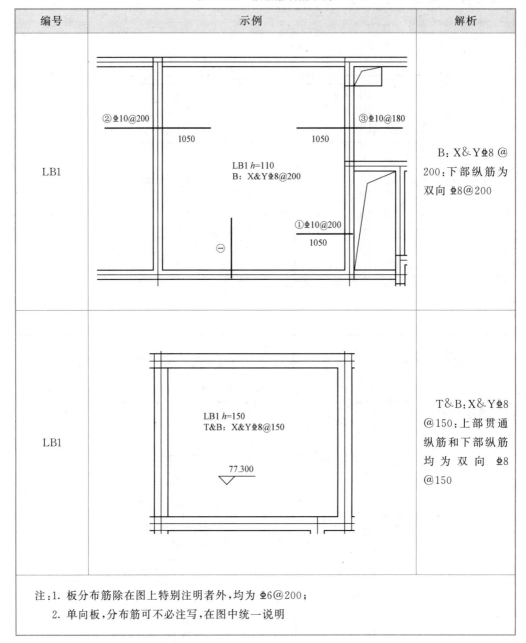	B：X&YΦ8@200：下部纵筋为双向 Φ8@200
LB1		T&B：X&YΦ8@150：上部贯通纵筋和下部纵筋均为双向 Φ8@150

注：1. 板分布筋除在图上特别注明者外，均为 Φ6@200；

　　2. 单向板，分布筋可不必注写，在图中统一说明

（4）标高。板面标高高差，是指相对于结构层楼面标高的高差，应将其注写在括号内，且有高差则标注，无高差不标注。例如，（－0.050）表示本板块比本层楼面标高低 0.050 m。

2. 板支座原位标注

板支座上部非贯通纵筋识图示例见表 6.1.4。

表 6.1.4　板支座上部非贯通纵筋识图示例

编号	示例	解析
LB1	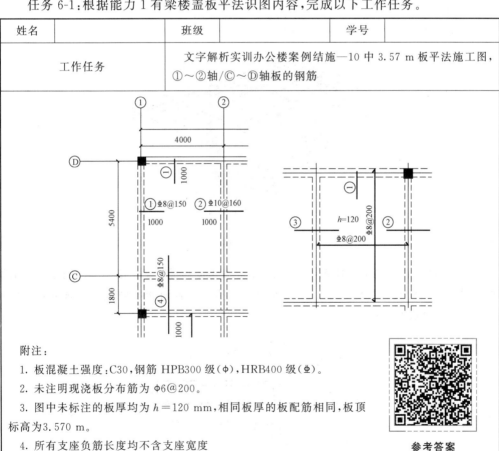	①②③号筋为板支座上部非贯通筋;③号筋为 $\Phi 8@120$,自支座边线向跨内的伸出长度为两侧对称伸出1000 mm

📋 **任务实施**

任务 6-1:根据能力 1 有梁楼盖板平法识图内容,完成以下工作任务。

姓名		班级		学号	
工作任务		文字解析实训办公楼案例结施—10 中 3.57 m 板平法施工图,①～②轴/ⓒ～ⓓ轴板的钢筋			

附注:

1. 板混凝土强度:C30,钢筋 HPB300 级(Φ),HRB400 级(Φ)。

2. 未注明现浇板分布筋为 Φ6@200。

3. 图中未标注的板厚均为 $h=120$ mm,相同板厚的板配筋相同,板顶标高为3.570 m。

4. 所有支座负筋长度均不含支座宽度

参考答案

教学评价

能力2 能选择和应用有梁楼盖板钢筋构造

一、有梁楼盖板钢筋构造

22G101—1图集第2-50～2-58页讲述板钢筋构造,其中有梁楼盖板钢筋构造在2-50～2-53页,有梁楼盖板钢筋构造见表6.1.5。

表6.1.5 有梁楼盖板钢筋构造

有梁楼盖板钢筋构造	板上部钢筋构造
	板下部钢筋构造
	板分布筋构造

1. 板上部钢筋构造

板上部钢筋构造如图6.1.2所示。

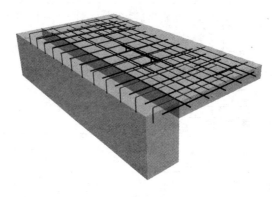

图6.1.2 板上部钢筋构造

(1)上部贯通纵筋端支座锚固构造。板上部贯通纵筋端支座锚固分为直锚、弯锚两种情况,当平直段长度分别$\geqslant l_a$、$\geqslant l_{aE}$时可不弯折。当普通楼屋面板端弯锚时,构造如图6.1.3～图6.1.6所示。

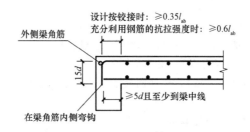

图6.1.3 普通楼屋面板端支座为梁

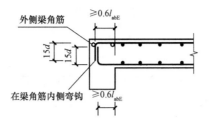

图 6.1.4 梁板式转换层的楼面板

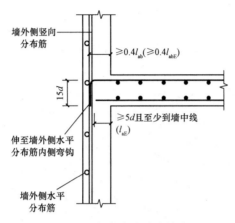

图 6.1.5 端部支座为剪力墙中间层

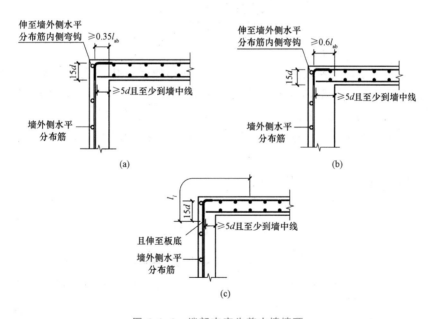

图 6.1.6 端部支座为剪力墙墙顶

(a)板端按铰接设计;(b)板端上部纵筋按充分利用钢筋的抗拉强度;(c)搭接连接

(2)板支座上部非贯通纵筋构造。板端部支座上部非贯通纵筋锚固同上部贯通纵筋,伸入跨内长度按设计标注,如图 6.1.7 所示。

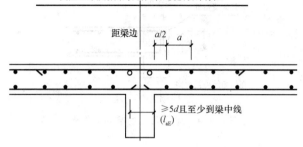

图 6.1.7 板支座上部非贯通纵筋构造

（3）上部纵筋起步距离。距支座边 $a/2$，a 为板筋间距。

2. 板下部钢筋构造

板下部钢筋构造如图 6.1.8 所示。

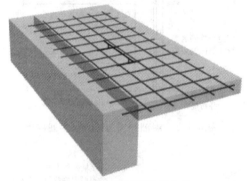

图 6.1.8 板下部钢筋构造

（1）板下部纵筋端支座锚固构造。梁板式转换层的楼面板，下部纵筋在端支座处应伸至外侧纵筋内侧后弯折 $15d$，当平直段长度分别 $\geqslant l_a$、$\geqslant l_{aE}$ 时可不弯折。其余端部支座形式，下部纵筋在端支座处应伸入支座 $\geqslant 5d$ 且至少到支座中线。

（2）下部纵筋在中间支座的锚固长度满足 $\geqslant 5d$ 且至少到支座中线。

3. 板分布筋构造

板分布筋构造如图 6.1.9 所示。

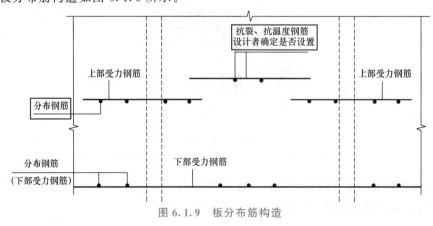

图 6.1.9 板分布筋构造

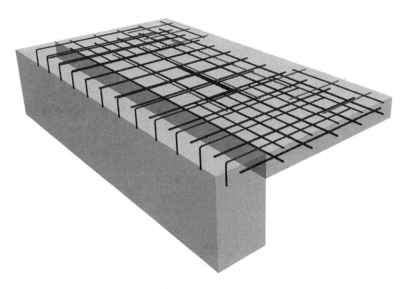

图 6.1.9 板分布筋构造(续)

分布筋自身及与受力主筋、构造钢筋的搭接长度为 150 mm。

二、有梁楼盖板钢筋计算公式

有梁楼盖板钢筋计算可以总结归纳为表 6.1.6。

表 6.1.6 有梁楼盖板钢筋计算公式

编号	构造内容	计算公式
1	上部贯通纵筋长度	左锚固长度+同方向净长+右锚固长度
2	上部贯通纵筋根数	ceil(垂直方向板净长$-s/2\times2$)/$s+1$
3	上部非贯通纵筋长度	单边标注非贯通纵筋长度=支座锚固长度+净长 双边标注非贯通纵筋长度=左净长+支座宽+右净长
4	上部非贯通纵筋根数	同上部贯通纵筋
5	下部纵筋长度及根数	同上部贯通纵筋
6	分布筋长度	搭接+净长+搭接
7	分布筋根数	ceil(负筋伸入板内长度$-s/2$)/$s+1$

任务 6-2：根据能力 2 有梁楼盖板钢筋构造的选择和应用内容，完成以下工作任务。

姓名		班级		学号	
工作任务		文字解析实训办公楼案例结施—10 中 3.57 m 板平法施工图，①～②轴/©～①轴板的钢筋锚固构造			

解析：

下部纵筋支座锚固：

①号负筋支座锚固：

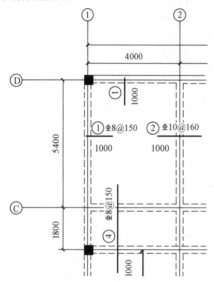
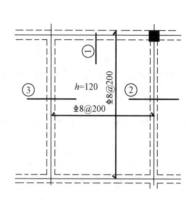

附注：

1. 板混凝土强度：C30，钢筋 HPB300 级（Φ），HRB400 级（Φ）。

2. 未注明现浇板分布筋为 Φ6@200。

3. 图中未标注的板厚均为 h = 120 mm，相同板厚的板配筋相同，板顶标高为 3.570 m。

4. 所有支座负筋长度均不含支座宽度

参考答案

教学评价	

能力3 能计算有梁楼盖板钢筋工程量

能力培养

在能力1和能力2中我们学习了有梁楼盖板的识图以及钢筋构造,本节以实训办公楼案例为例,进行结施—11 7.17~10.77 m 板平法施工,⑥~⑦轴/Ⓐ~Ⓑ轴板钢筋计算。⑥~⑦轴/Ⓐ~Ⓑ轴平法施工图如图 6.1.10 所示。计算相关条件见表 6.1.7。板钢筋计算过程见表 6.1.8。

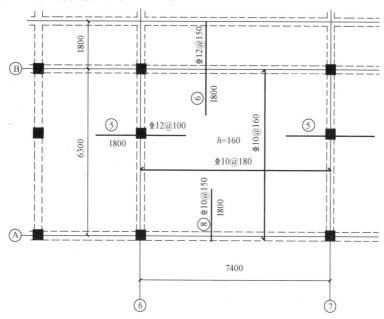

图 6.1.10 ⑥~⑦轴/Ⓐ~Ⓑ轴平法施工图

表 6.1.7 计算相关条件

条件	参数	来源
混凝土强度等级	C30	结施—01
抗震等级	三级	结施—01
保护层厚度/mm	板 15;梁 20	结施—01
支座宽度/mm	300	结施—08

表 6.1.8　板钢筋计算过程

钢筋种类	图示位置	钢筋型号	等级	计算公式
水平底筋	⑥~⑦轴/ⓐ~ⓑ轴	Φ10@180	HRB400 级	判断锚固形式:$5d=5\times10<1/2$ 梁宽$=300/2=150$
				长度:$(7400-150-150)+150\times2=7400(mm)$ 根数:$[(6300-150-100)-180/2\times2]/180+1=34(根)$
垂直底筋		Φ10@160	HRB400 级	长度:$(6300-150-100)+150\times2=6350(mm)$ 根数:$[(7400-150-150)-160/2\times2]/160+1=45(根)$
中间支座负筋	⑥轴/ⓐ~ⓑ轴 ⑦轴/ⓐ~ⓑ轴	Φ12@100	HRB400 级	长度 $1800+1800+300=3900(mm)$ 根数:$\{[(6300-150-100)-100/2\times2]/100+1\}\times2=122(根)$
端支座负筋	⑥~⑦轴/ⓐ轴	Φ10@150	HRB400 级	判断锚固形式:$l_{aE}=37d=37\times12=444(mm)$ $>$支座宽度 $300\ mm$,弯锚 $15d$
				长度:$(300-20)+15\times10+1800-2.08\times10=2209.2(mm)$ 根数:$[(7400-150-150)-150/2\times2]/150+1=48(根)$
跨板受力筋	⑥~⑦轴/ⓑ轴	Φ12@150	HRB400 级	长度:$(300-20)+15\times12+1800+1800-2.08\times12=4035.04(mm)$ 根数:$[(7400-150-150)-150/2\times2]/150+1=48(根)$
分布筋（y 向）	⑤轴	Φ6@200	HRB300 级	长度:$(6300-100-150)-1800-1800+150\times2=2750(mm)$ 根数:$(1800-200/2)/200=9(根)$
分布筋（x 向）	⑥轴/⑧轴	Φ6@200	HRB300 级	长度:$(7400-150-150)-1800-1800+150\times2=3800(mm)$ 根数:$(1800-200/2)/200=9(根)$

任务 6-3：根据能力 3 有梁楼盖板计量中所学内容，完成以下工作任务。

姓名			班级		学号				
工作任务				计算实训办公楼案例结施—10 中 3.57 m 板平法施工图，①～②轴/ⓒ～ⓓ轴板的钢筋					
序号	构件名称	图示位置	钢筋种类	钢筋直径	等级	长度计算公式	长度	根数计算公式	根数
1	B—120	①～②轴/ⓒ～ⓓ轴	底部水平筋						
			底部垂直筋						
			ⓓ轴①号负筋						
			①轴①号负筋						
			②轴②号负筋						
			垂直分布筋						
			水平分布筋						

参考答案

教学评价	

无梁楼盖板钢筋构造

大国工匠陈宇航：中国建筑青年"小匠"，实力彰显大国担当

复习思考题

一、单选题

1. 不属于板钢筋的钢筋类型有（　　）。

　　A. 下部纵筋　　　　B. 箍筋　　　　　　C. 分布筋　　　　　　D. 温度筋

2. 板类型 LB,指的是（　　）。

　　A. 楼面板　　　　　B. 纯悬挑板　　　　C. 屋面板　　　　　　D. 延伸悬挑板

3. 楼面板下部贯通纵筋用字母（　　）表示。

　　A. Y　　　　　　　B. X　　　　　　　　C. T　　　　　　　　　D. B

4. 梁板式转换层的楼板,板底钢筋在支座处锚固方式为（　　）。

　　A. 过支座中线,且大于 $5d$　　　　　B. 伸至梁角筋内侧,弯折 $15d$

　　C. 过支座中线,且大于 $15d$　　　　 D. 伸至梁角筋内侧,弯折 $5d$

5. 有梁楼面板和屋面板下部受力筋伸入支座的长度为（　　）。

　　A. 支座宽/2 和 $5d$ 取大值　　　　 B. 支座宽—保护层

　　C. $5d$　　　　　　　　　　　　　 D. 支座宽/2＋$5d$

二、判断题

1. 板钢筋的连接,与梁基本相同,都是上部筋在跨中连接,下部筋在支座处连接。

　　　　　　　　　　　　　　　　　　　　　　　　　　　　　　　　（　　）

2. 有梁楼(屋)面板在中间支座的上部钢筋:向跨内伸出长度按设计标注。（　　）

3. 板钢筋标注分为集中标注和原位标注,集中标注的主要内容是板的贯通筋,原位标注主要是针对板的非贯通筋。　　　　　　　　　　　　　　　　　（　　）

4. 板的支座是梁时,其上部支座负筋锚固长度为:支座宽—保护层—圈梁外侧角

筋直径＋15d,当平直段≥l_a、≥l_{aE}时可不弯折。 （　　）

5.板中间支座负筋,可只在一侧标注其延伸长度,此时表示两侧延伸长度相同。

（　　）

评价反馈

评价是否能完成板平法施工图识读、板钢筋构造的选择和应用,以及板钢筋计量的学习;是否能完成各项任务、有无任务遗漏。学生进行自我评价,教师对学生进行评价,并将结果填入表中。

班级:		姓名:		学号:	
学习项目		板平法识图与计量			
序号	评价项目	评分标准	满分	自评	师评
1	板的分类	能根据不同类型工程,判断板的类别	5		
2	板钢筋的分类	能根据不同类别板,判断钢筋的类别	5		
3	板块的集中标注	能正确识读板块集中标注的信息	10		
4	板支座原位标注	能正确识读板支座原位标注的信息	10		
5	有梁楼盖板上部钢筋构造	能根据图纸理解并正确选择相关钢筋构造	10		
6	有梁楼盖板下部钢筋构造	能根据图纸理解并正确选择相关钢筋构造	10		
7	有梁楼盖板分布筋构造	能根据图纸理解并正确选择相关钢筋构造	10		
8	有梁楼盖板钢筋计算	能根据图纸计算相关钢筋工程量	10		
9	工作态度	态度端正,无无故缺勤、迟到、早退情况,专业严谨、规范意识	10		
10	团队协作、合理分工能力	与小组成员、同学之间能合作交流,协调工作	10		
11	创新意识	通过阅读22G101系列平法图集,能更好地理解图纸内容	10		
12	合计		100		

引例

楼梯类型选择

引例思考:楼梯的类型及配筋形式,对钢筋工程量会产生哪些影响?

某项目甲方办公室

新人宁宁:师傅,我发现我用软件画出来的楼梯,怎么和现场施工的不一样呢?

郑工:怎么不一样了?

新人宁宁:钢筋长得不一样,我看现场的钢筋下部是通长的,上部是断开的,我画出来的上部和下部都是通长的,而且现场的钢筋是低端带有一个小平台的,我画的没有,我软件用得不是很熟练,没有找到原因。

郑工:软件里面内置了很多种形式的楼梯,要根据平法图集和施工图纸选择对应的类型,还有对应的配筋形式。

新人宁宁:师傅,您教我看一下平法图集吧!

郑工:行! 你看,图集上从 AT 到 GT,还有 ATa 到 DTb,这么多种类型,你需要知道它们的区别,才能在软件里选择正确。

新人宁宁:师傅,我画的好像是 AT。

郑工:是的,但是你说现场的低端有一个小平台,我们来看一下图纸,和图集对应一下,这个是不是 BT 型啊?

新人宁宁:是的师傅,我这个位置忘记调整了,那钢筋不一样又是怎么回事呢?

郑工:楼梯的配筋一般是两种形式:一种是双层双向的配筋,像你画的这样;还有一种是下部是双向的,上部是断开的,像现场的那样,就像图集上的 BTb 型和 BT 型,这在软件里面也是要调整的!

新人宁宁:确实师傅,调整一下形式就对了! 我太大意了,类型和配筋形式都需要调整!

郑工:楼梯是绘制比较麻烦的一个构件,一定要看好每一项数据。

新人宁宁:是,师傅! 我一定多加注意!

➔ 知识目标

1. 掌握楼梯平法制图规则；
2. 熟悉楼梯的相关钢筋构造；
3. 掌握楼梯钢筋工程量的计算方法。

➔ 能力目标

1. 能够正确运用平法图集，准确查找楼梯相关各数据；
2. 能识读楼梯结构施工图中相关信息；
3. 能根据工程特点，选择合适的钢筋构造做法；
4. 能根据楼梯的结构施工图，计算楼梯的钢筋工程量。

➔ 素质目标

1. 培养学生良好的学习习惯和学习方法；
2. 培养学生将理论知识运用于实践的能力；
3. 培养学生空间思维能力；
4. 培养学生专业严谨的态度；
5. 培养学生的规范意识；
6. 培养学生团队协作、合理分工的能力。

导读

➔ 思维导图

情境7 楼梯平法识图与计量 —— 任务1 AT型楼梯平法识图与计量 —— 能力1 能识读AT型楼梯平法结构施工图

能力2 能选择和应用AT型楼梯钢筋构造

能力3 能计算AT型楼梯钢筋工程量

任务 1 AT 型楼梯平法识图与计量

📋 任务要求

对实训办公楼结构图中楼梯平法施工图进行识图、审图，再进行相关 AT 型楼梯钢筋工程量计算工作。

📋 工作准备

1. 阅读工作任务要求，识读楼梯平法施工图纸，进行图纸分析。
2. 收集《混凝土结构施工图平面整体表示方法制图规则和构造详图（现浇混凝土板式楼梯)》(22G101—2)、《混凝土结构施工钢筋排布规则与构造详图（现浇混凝土板式楼梯)》(18G901—2)中有关楼梯的制图规则和钢筋构造部分知识。

3.结合任务要求分析楼梯平法施工图中识读和 AT 型楼梯钢筋计算的难点和常见问题。

引导问题 1:楼梯的分类有哪些?

引导问题 2:楼梯的钢筋种类有哪些?

引导问题 3:楼梯平面注写中,集中标注的内容有哪些?

引导问题 4:楼梯剖面注写包含哪两部分?

楼梯的分类

楼梯的钢筋种类

楼梯平法施工图的表示方法

带着以上引导问题学习视频后,按照识图→钢筋构造→工程量计算的顺序进入本任务的学习。

能力 1 能识读 AT 型楼梯平法结构施工图

能力培养

一、楼梯平面注写方式

楼梯平面注写方式包括集中标注和外围标注,如图 7.1.1 所示。

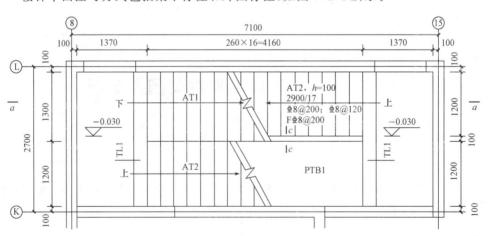

图 7.1.1 楼梯平面注写方式

1. 楼梯集中标注

(1)楼梯编号。注写楼梯编号,楼梯编号由类型代号和序号组成,楼梯编号识图示例见表 7.1.1。

表 7.1.1　楼梯编号识图示例

编号	示例	解析
AT2	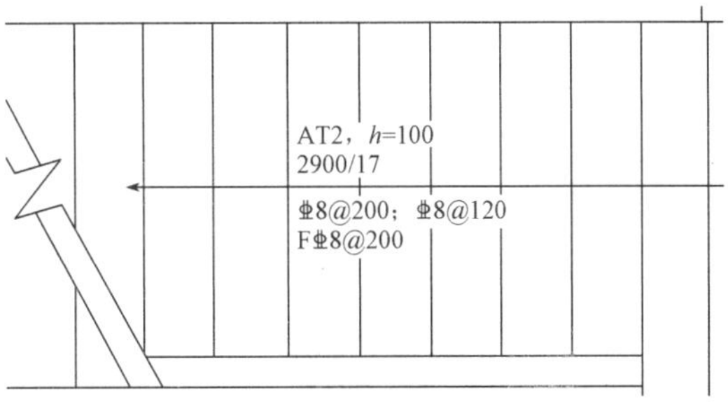 AT2，h=100 2900/17 ⊈8@200；⊈8@120 F⊈8@200	AT2 为楼梯编号：AT 型楼梯，序号为 2

（2）梯板厚度。注写为 $h=\times\times\times$。当为带平板的梯板且梯段板厚度和平板厚度不同时，可在梯段板厚度后面括号内以字母 P 打头注写平板厚度，梯板厚度识图示例见表 7.1.2。

表 7.1.2　梯板厚度识图示例

编号	示例	解析
AT2	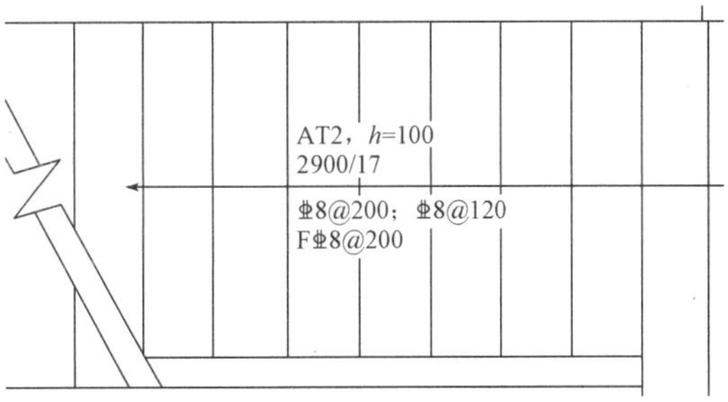 AT2，h=100 2900/17 ⊈8@200；⊈8@120 F⊈8@200	$h=100$ 为梯板厚度：梯板厚度为 100 mm

（3）踏步段总高度和踏步级数。踏步段总高度和踏步级数，之间以"/"分隔，踏步段总高度和踏步级数识图示例见表 7.1.3。

表 7.1.3 踏步段总高度和踏步级数识图示例

编号	示例	解析
AT2	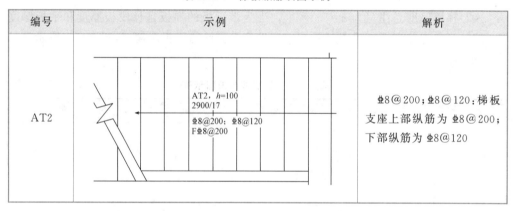	2900/17:踏步段总高度为 2900 mm,踏步级数为 17

（4）梯板纵筋。梯板支座上部纵筋、下部纵筋之间以";"分隔,梯板纵筋识图示例见表 7.1.4。

表 7.1.4　梯板纵筋识图示例

编号	示例	解析
AT2	AT2,*h*=100 2900/17 Φ8@200；Φ8@120 FΦ8@200	Φ8@200；Φ8@120：梯板支座上部纵筋为 Φ8@200；下部纵筋为 Φ8@120

（5）梯板分布筋。梯板分布筋以 F 打头注写分布钢筋具体值,该项也可在图中统一说明,梯板分布筋识图示例见表 7.1.5。

表 7.1.5　梯板分布筋识图示例

编号	示例	解析
AT2	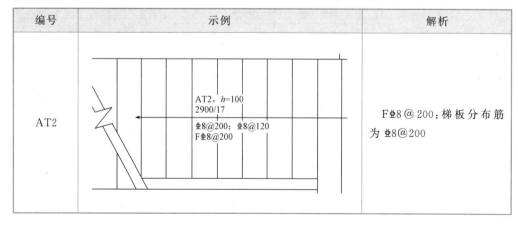	FΦ8@200：梯板分布筋为 Φ8@200

2. 楼梯外围标注

楼梯外围标注如图 7.1.2～图 7.1.7 所示。

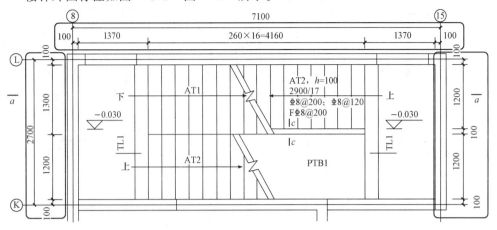

图 7.1.2　楼梯间的平面尺寸

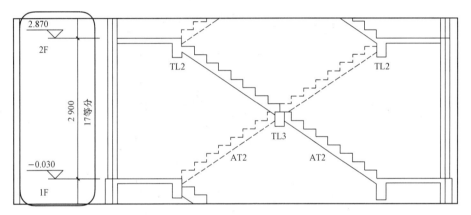

图 7.1.3　楼层结构标高、层间结构标高

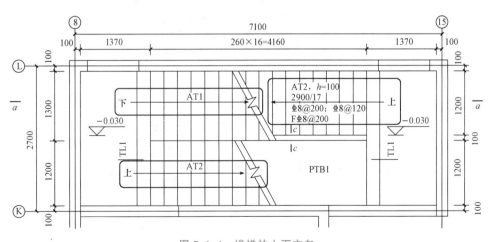

图 7.1.4　楼梯的上下方向

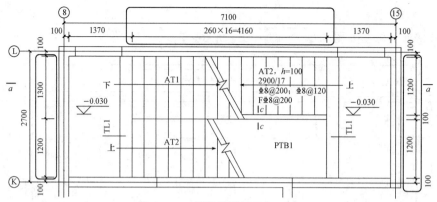

图 7.1.5　楼板的平面几何尺寸

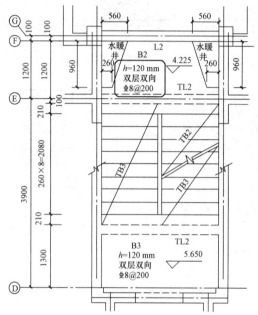

图 7.1.6　平台板配筋

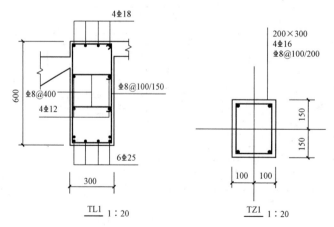

图 7.1.7　梯梁及梯柱配筋

二、剖面注写方式

剖面注写方式包括平面图注写和剖面图注写两部分,具体如图 7.1.8 所示。

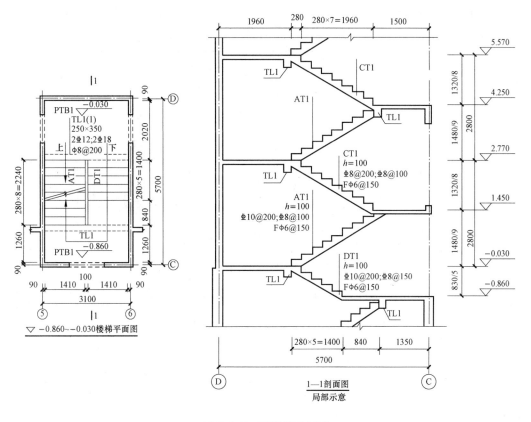

图 7.1.8　剖面注写示例

三、列表注写方式

列表注写方式的具体要求同剖面注写方式,将剖面注写方式中的梯板配筋注写项改为列表注写即可,见表 7.1.6。

表 7.1.6　列表注写

梯板编号	踏步段总高度/ 踏步级数/mm/级	板厚 h/mm	上部 纵向钢筋	下部 纵向钢筋	分布筋
AT1	1480/9	100	⊈8@200	⊈8@100	Φ6@150
CT1	1320/8	100	⊈8@200	⊈8@100	Φ6@150
DT1	830/5	100	⊈8@200	⊈8@150	Φ6@150

任务 7-1:根据能力 1AT 型楼梯平法识图内容,完成以下练习任务。

姓名		班级		学号	
工作任务		解析 AT1 楼梯的平面注写内容			

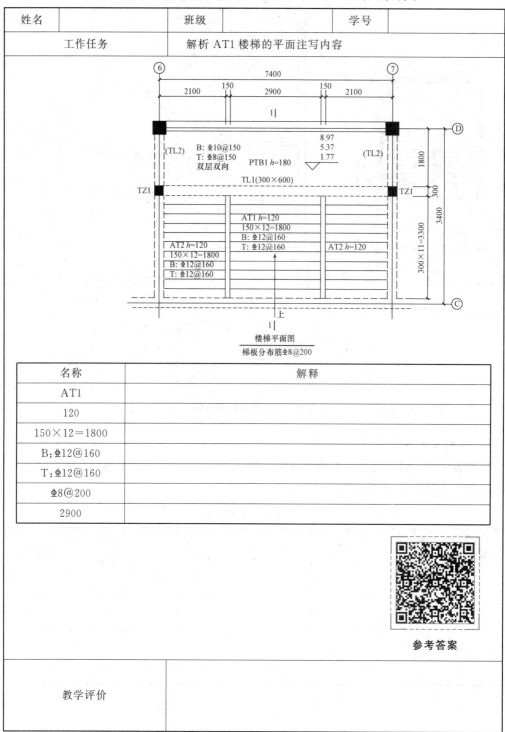

楼梯平面图

梯板分布筋ϕ8@200

名称	解释
AT1	
120	
150×12=1800	
B:ϕ12@160	
T:ϕ12@160	
ϕ8@200	
2900	

参考答案

教学评价	

176

任务 7-2：根据能力 1AT 型楼梯平法识图内容，完成以下练习任务。

姓名		班级		学号	
工作任务		解析 DT1 楼梯的平面注写内容			

1—1剖面图
局部示意

名称	解释
⊈8@200	
⊈8@150	
FΦ6@150	
830/5	
840	
280	

参考答案

教学评价	

能力 2 能选择和应用 AT 型楼梯钢筋构造

能力培养

一、AT 型楼梯梯板钢筋构造

22G101—2 图集第 2-8 页讲述 AT 型楼梯钢筋构造。AT 型楼梯钢筋构造见表 7.1.7,钢筋形式如图 7.1.9 所示。

表 7.1.7 AT 型楼梯梯板钢筋构造

AT 型楼梯梯板钢筋构造	梯板下部纵筋构造
	梯板低端上部纵筋构造
	梯板高端上部纵筋构造
	梯板分布筋构造

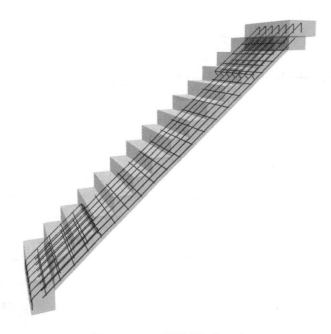

图 7.1.9 AT 型楼梯钢筋形式

1. 梯板下部纵筋构造

梯板下部纵筋伸入高端梯梁及低端梯梁的长度均应≥5d(d 为纵向钢筋直径),而且至少伸过支座中线,如图 7.1.10 所示。

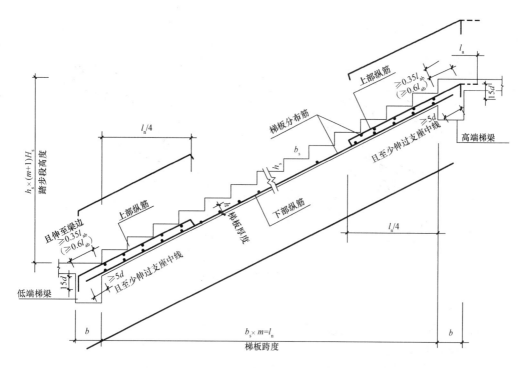

AT型楼梯板配筋构造

图 7.1.10　AT 型楼梯板配筋

2. 梯板低端上部纵筋构造

(1)伸入低端梯梁,伸至梁边后弯折,弯折段长度 $15d$(d 为纵向钢筋直径)。

(2)伸入梯板,伸至梯板跨度的 1/4,并向梯板内弯折,如图 7.1.11 所示。

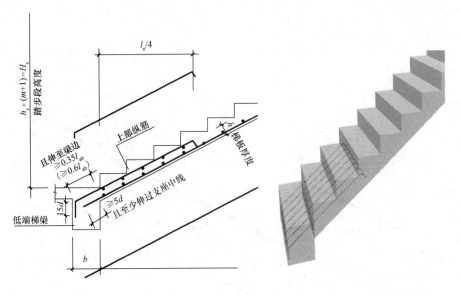

图 7.1.11　楼梯低端上部纵筋

3. 梯板高端上部纵筋构造

(1)伸入高端梯梁,伸至梁边后弯折,弯折段长度 $15d$(d 为纵向钢筋直径),有条件时可直接伸入平台板内锚固 l_a。

(2)伸入梯板,伸至梯板跨度的 1/4,并向梯板内弯折,如图 7.1.12 所示。

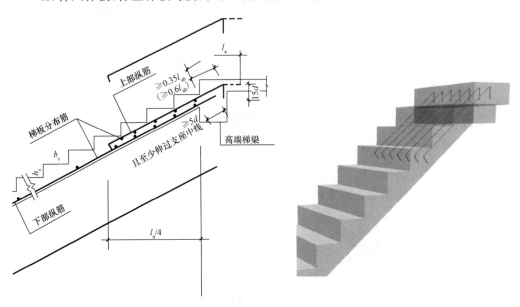

图 7.1.12　梯板高端上部纵筋

4. 梯板分布筋构造

在下部纵筋上方、上部纵筋下方均应设置分布筋,如图 7.1.13 所示。

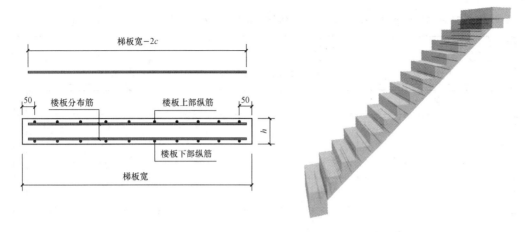

图 7.1.13　梯板分部筋

二、AT 型楼梯梯板钢筋计算公式

AT 型楼梯梯板钢筋计算公式可以总结归纳为表 7.1.8。

表 7.1.8　AT 型楼梯梯板钢筋计算公式

编号	构造内容	计算公式
1	梯板下部纵筋长度	下支座锚固＋净长＋上支座锚固
2	梯板下部纵筋根数	ceil(梯段宽－50×2)/间距＋1
3	梯板低端上部纵筋长度	梯板内弯折＋伸入跨内长度＋下支座锚固
4	梯板低端上部纵筋根数	ceil(梯段宽－50×2)/间距＋1
5	梯板高端上部纵筋长度	梯板内弯折＋伸入跨内长度＋上支座锚固
6	梯板高端上部纵筋根数	ceil(梯段宽－50×2)/间距＋1
7	梯板分布筋长度	梯段宽－保护层×2
8	梯板分布筋根数	下部纵筋分布筋： ceil(梯段长－$s/2×2$)/间距＋1 梯板低端上部纵筋分布筋： ceil(下部负筋伸入梯段长度－$s/2$)/间距＋1 梯板高端上部纵筋分布筋： ceil(上部负筋伸入梯段长度－$s/2$)/间距＋1

任务 7-3：根据能力 2AT 型楼梯钢筋构造的选择和应用内容，完成以下练习任务。

姓名		班级		学号	
工作任务		文字描述 BT 型楼梯梯板钢筋的计算公式			

钢筋名称	计算公式	
踏步段下部纵筋	长度：	
	根数：	
踏步段低端上部纵筋	长度：	
	根数：	
踏步段高端上部纵筋	长度：	
	根数：	
踏步段分布筋	长度：	
	根数：	

参考答案

教学评价	

任务 7-4:根据能力 2AT 型楼梯钢筋构造的选择和应用内容,完成以下练习任务。

姓名		班级		学号	
工作任务		文字描述 DT 型楼梯梯板钢筋的构造分析			

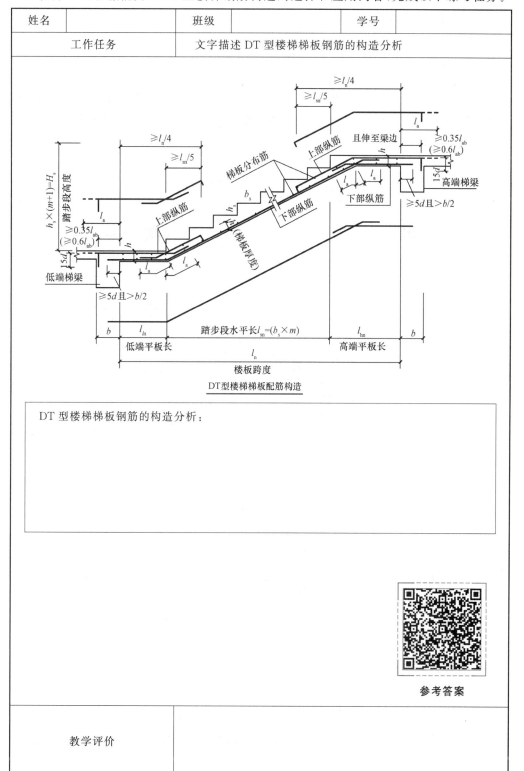

DT型楼梯梯板配筋构造

DT 型楼梯梯板钢筋的构造分析:

参考答案

教学评价	

能力3 能计算 AT 型楼梯钢筋工程量

在能力1和能力2中我们学习了 AT 楼梯的识图及钢筋构造,本节以实训办公楼案例图纸,进行⑥/⑦轴~ⓒ/ⓓ轴 AT2 的钢筋计算。AT2 平法施工图如图 7.1.14 所示。计算相关条件见表 7.1.9。AT2 钢筋计算过程见表 7.1.10。

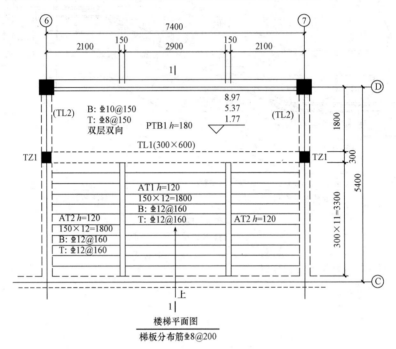

图 7.1.14 AT2 平法施工图

表 7.1.9 计算相关条件

条件	参数	来源
混凝土强度等级	C30	结施—14
抗震等级	三级	结施—01
保护层厚度/mm	15	结施—01
ⓒ轴梁截面尺寸/mm	300×550	结施—08
斜率	斜率＝$\sqrt{踏步宽度^2+踏步高度^2}/踏步宽度$	

表 7.1.10 **AT 型楼梯梯板钢筋计算过程**

钢筋种类	钢筋型号	等级	长度计算公式
踏步段 下部纵筋	12	HRB400 级	长度＝斜率×梯板跨度＋支座锚固长度 长度＝1.13×3300＋300/2＋300/2＝4029(mm)
			根数＝(梯板宽－起步距离×2)/间距＋1 根数＝(1950－50×2)/160＋1＝13(根)
踏步段 低端上 部纵筋	12	HRB400 级	长度＝弯折长度＋锚固长度＋斜率×梯板跨度/4 长度＝(120－15×2)＋(300－15＋15×12)＋1.13× (3300/4)＝1487.25(mm)
			根数＝(梯板宽－起步距离×2)/间距＋1 根数＝(1950－50×2)/160＋1＝13(根)
踏步段 高端上 部纵筋	12	HRB400 级	长度＝弯折长度＋锚固长度＋斜率×梯板跨度/4 长度＝(120－15×2)＋(300－15＋15×12)＋1.13× (3300/4)＝1487.25(mm)
			根数＝(梯板宽－起步距离×2)/间距＋1 根数＝(1950－50×2)/160＋1＝13(根)
踏步段分布筋	8	HRB400 级	长度＝梯板宽－保护层×2 长度＝1950－15×2＝1920(mm)
			踏步段的下部纵筋上分布筋根数＝(梯板跨度×斜度 系数－2×间距/2)/间距＋1 根数＝(1.13×3300－200/2×2)/200＋1＝19(根) 踏步段低端上部纵筋下分布筋根数＝[(梯板跨度/ 4－间距/2)×斜度系数]/间距＋1 根数＝[(3300/4－200/2)×1.13]/200＋1＝6(根) 踏步段高端上部纵筋下分布筋根数＝[(梯板跨度/ 4－间距/2)×斜度系数]/间距＋1 根数＝[(3300/4－200/2)×1.13]/200＋1＝6(根)

任务 7-5：根据能力 3AT 楼梯计量学习内容，完成以下练习任务。

姓名			班级			学号		
工作任务		计算实训办公楼案例结施—14 图⑥/⑦轴～©/①轴 AT1 的钢筋计算						
序号	构件名称	图示位置	钢筋种类	钢筋直径	等级	长度计算公式	长度	根数计算公式	根数
1	AT1	⑥/⑦轴～©/①轴	踏步段下部纵筋						
			踏步段低端上部纵筋						
			踏步段高端上部纵筋						
			踏步段分布筋						

参考答案

教学评价	

任务 7-6:根据能力 3 AT 楼梯计量学习内容,完成以下练习任务。

姓名			班级			学号		
工作任务				计算下面图纸中 DT1 的钢筋计算				
序号	构件名称	图示位置	钢筋种类	钢筋直径	等级	长度计算公式	长度	根数计算公式	根数
1	DT1	④/⑤轴~①/©/①轴	低端平板上部纵筋						
			踏步段低端上部纵筋						
			踏步段高端及高端平板上部纵筋						
			低端平板及踏步段下部纵筋						
			高端平板下部纵筋						
			踏步段分布筋						

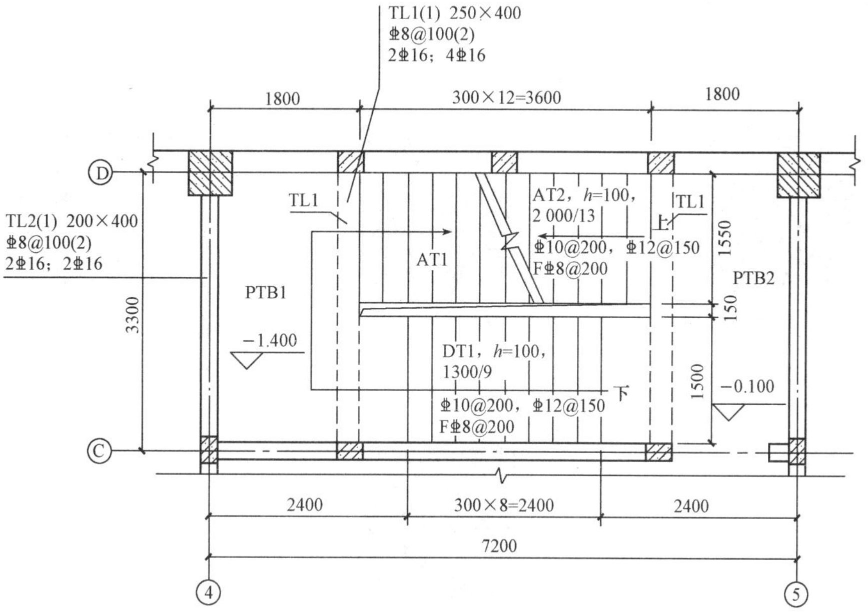

楼梯一层平面详图

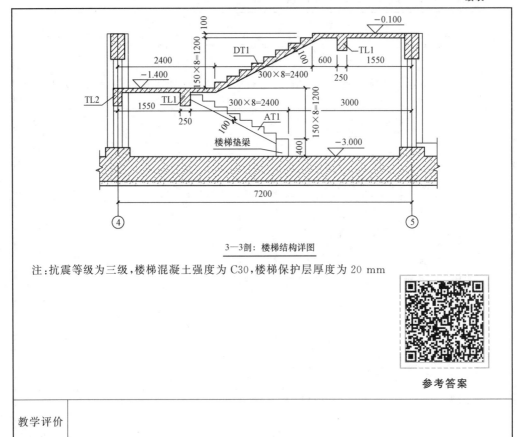

3—3剖：楼梯结构详图

注:抗震等级为三级,楼梯混凝土强度为C30,楼梯保护层厚度为20 mm

参考答案

教学评价	

知识拓展

BT型楼梯钢筋构造

CT型楼梯钢筋构造

DT型楼梯钢筋构造

思政小贴士

古代建筑工匠师黄德节:弘扬大国工匠精神,修复城市记忆

一、单选题

1. 楼梯集中标注:BT1,$h=120$,1800/12,$\underline{\Phi}10@150$;$\underline{\Phi}10@120$;$F\underline{\Phi}8@200$。楼梯踏步段下部纵筋间距为( )mm。

   A. 120   B. 150

   C. 200   D. 180

2. 梯板分布筋,以( )打头标注分布钢筋具体值。

   A. X   B. F

   C. Y   D. P

3. DT 型楼梯板中,梯板高端上部纵筋伸入梯板内的长度为( )。

   A. $l_n/4$ B. $l_{sn}/4$

   C. $l_n/5$ D. $l_{sn}/5$

二、多选题

1. 下列代号中属于板式楼梯的是( )。

   A. AT 型   B. BT 型   C. CT 型

   D. DT 型   E. RT 型

2. 板式楼梯段配筋类型有( )。

   A. 梯板上部纵筋   B. 梯板下部纵筋

   C. 梯板分布筋   D. 温度筋

3. 楼梯剖面图中楼梯段的配筋标注内容有( )。

   A. 梯板类型   B. 梯板厚度

   C. 梯板上部配筋   D. 梯板下部配筋

三、判断题

1. 现浇混凝土板式楼梯 AT 型梯:参与结构整体抗震验算。 ( )

2. 现浇混凝土板式楼梯 AT 型梯:梯板低端带滑动支座支承在梯梁上。 ( )

参考答案

　　评价是否能完成楼梯平法施工图识读、楼梯钢筋构造的选择和应用,以及楼梯钢筋计量的学习;是否能完成各项任务、有无任务遗漏。学生进行自我评价,教师对学生进行评价,并将结果填入表中。

班级:		姓名:	学号:		
学习项目		楼梯平法识图与计量			
序号	评价项目	评分标准	满分	自评	师评
1	楼梯的分类和组成	能根据不同类型工程,判断楼梯的类别及其组成	5		
2	楼梯钢筋的分类	能根据不同类别楼梯,判断钢筋的类别	5		
3	楼梯的平面注写方式	能正确识读平面注写方式的楼梯	5		
4	楼梯的平面剖面方式	能正确识读剖面注写方式的楼梯	5		
5	楼梯的列表注写方式	能正确识读列表注写方式的楼梯	10		
6	梯板下部纵向钢筋构造	能根据图纸理解并正确选择相关钢筋构造	10		
7	梯板上部纵向钢筋构造	能根据图纸理解并正确选择相关钢筋构造	10		
8	梯板分布筋构造	能根据图纸理解并正确选择相关钢筋构造	10		
9	楼梯钢筋计算	能根据图纸计算相关钢筋工程量	10		
10	工作态度	态度端正,无无故缺勤、迟到、早退情况,专业严谨、规范意识	10		
11	团队协作、合理分工能力	与小组成员、同学之间能合作交流,协调工作	10		
12	创新意识	通过阅读22G101系列平法图集,能更好地理解图纸内容	10		
13	合计		100		

团体任务实施

📋 **任务要求**

了解平法图集的概念、设计依据及使用范围;并能判断建筑结构类型及相关抗震等级;了解施工图的组成及其内容。

📋 **实施目标**

1. 培养学生积极进取意识;
2. 培养学生创造性思维;
3. 培养学生诚信、正直、敬业的职业道德;
4. 培养学生的责任感和承担责任的能力;
5. 培养学生的质量意识和安全意识;
6. 培养学生的口头表达和人际交流能力;
7. 培养学生对工作目标的判断和理解能力;
8. 培养学生的团队组织能力;
9. 培养学生时间和资源的优化与管理能力。

团体任务 1：平板式筏板基础变截面部位板顶板底均有高差钢筋构造

队伍名		项目成员	

  3 人一组在项目职业工作中互相支持、互相配合,顾全大局,明确工作任务和共同目标。精心组织,严格把关,顾全大局,不为自身和小团体的利益而降低对工程质量的要求;严格执行建筑领域法律法规、行业标准,树立法纪意识、规则意识、标准意识。在工作中平等坦诚,互相学习,积极主动协同成员共同完成项目任务。

  根据任务码给出的图纸信息,小组协作,分工完成任务钢筋节点施工流程方案编制,排布图绘制,质量验收方案编制,并完成节点施工绑扎

平板式筏板基础变截面部位
板顶、板底均有高差钢筋构造

微课:施工方案编制

微课:质量验收
方案编制

微课:排布图绘制

微课:平板式筏板基础变截面部位
板顶、板底均有高差钢筋构造工具箱操作

分工任务(施工方案、排布图、质量验收方案其一):

想对项目伙伴说:

教学评价:

团体任务 2:柱纵向钢筋在基础中构造

队伍名		项目成员	

　　3 人一组在项目职业工作中互相支持、互相配合,顺全大局,明确工作任务和共同目标。精心组织,严格把关,顾全大局,不为自身和小团体的利益而降低对工程质量的要求;严格执行建筑领域法律法规、行业标准,树立法纪意识、规则意识、标准意识。在工作中平等坦诚,互相学习,积极主动协同成员共同完成项目任务。

　　根据任务码给出的图纸信息,小组协作,分工完成任务钢筋节点施工流程方案编制,排布图绘制,质量验收方案编制,并完成节点施工绑扎

柱纵向钢筋在
基础中构造(一)

柱纵向钢筋在
基础中构造(二)

微课:施工方案编制

微课:质量验收
方案编制

微课:排布图绘制

微课:柱纵向钢筋在基础中
钢筋构造工具箱操作

分工任务(施工方案、排布图、质量验收方案其一):

想对项目伙伴说:

教学评价:

团体任务3:框架角柱整体钢筋构造

队伍名		项目成员	

　　3人一组在项目职业工作中互相支持、互相配合,顺全大局,明确工作任务和共同目标。精心组织,严格把关,顾全大局,不为自身和小团体的利益而降低对工程质量的要求;严格执行建筑领域法律法规、行业标准,树立法纪意识、规则意识、标准意识。在工作中平等坦诚,互相学习,积极主动协同成员共同完成项目任务。

　　根据任务码给出的图纸信息,小组协作,分工完成任务钢筋节点施工流程方案编制,排布图绘制,质量验收方案编制,并完成节点施工绑扎

整体框架角柱
钢筋构造(一)

整体框架角柱
钢筋构造(二)

微课:施工方案编制

微课:质量验收
方案编制

微课:排布图绘制

微课:框架角柱整体
构造工具箱操作

分工任务(施工方案、排布图、质量验收方案其一):

想对项目伙伴说:

教学评价:

团体任务 4:楼层连梁 LL 钢筋构造

队伍名		项目成员	

　　3 人一组在项目职业工作中互相支持、互相配合,顺全大局,明确工作任务和共同目标。精心组织,严格把关,顾全大局,不为自身和小团体的利益而降低对工程质量的要求;严格执行建筑领域法律法规、行业标准,树立法纪意识、规则意识、标准意识。在工作中平等坦诚,互相学习,积极主动协同成员共同完成项目任务。

　　根据任务码给出的图纸信息,小组协作,分工完成任务钢筋节点施工流程方案编制,排布图绘制,质量验收方案编制,并完成节点施工绑扎

楼层连梁 LL

微课:施工方案编制

微课:质量验收
方案编制

微课:排布图绘制

微课:楼层连梁 LL 钢筋
构造工具箱操作

分工任务(施工方案、排布图、质量验收方案其一):

想对项目伙伴说:

教学评价:

团体任务 5：剪力墙水平分布钢筋端柱转角墙

队伍名		项目成员	

　　3 人一组在项目职业工作中互相支持、互相配合,顺全大局,明确工作任务和共同目标。精心组织,严格把关,顾全大局,不为自身和小团体的利益而降低对工程质量的要求;严格执行建筑领域法律法规、行业标准,树立法纪意识、规则意识、标准意识。在工作中平等坦诚,互相学习,积极主动协同成员共同完成项目任务。

　　根据任务码给出的图纸信息,小组协作,分工完成任务钢筋节点施工流程方案编制,排布图绘制,质量验收方案编制,并完成节点施工绑扎

剪力墙水平分布
钢筋端柱转角墙

微课:施工方案编制

微课:质量验收
方案编制

微课:排布图绘制

微课:剪力墙水平分布钢筋
端柱转角墙构造工具箱操作

分工任务(施工方案、排布图、质量验收方案其一):

想对项目伙伴说:

教学评价:

团体任务6:楼层框架梁与边柱相交钢筋构造

队伍名		项目成员	

　　3人一组在项目职业工作中互相支持、互相配合,顺全大局,明确工作任务和共同目标。精心组织,严格把关,顾全大局,不为自身和小团体的利益而降低对工程质量的要求;严格执行建筑领域法律法规、行业标准,树立法纪意识、规则意识、标准意识。在工作中平等坦诚,互相学习,积极主动协同成员共同完成项目任务。

　　根据任务码给出的图纸信息,小组协作,分工完成任务钢筋节点施工流程方案编制,排布图绘制,质量验收方案编制,并完成节点施工绑扎

楼层框架梁与边柱
相交钢筋构造

微课:施工方案编制

微课:质量验收
方案编制

微课:排布图绘制

微课:楼层框架梁与边柱
相交钢筋构造工具箱操作

分工任务(施工方案、排布图、质量验收方案其一):

想对项目伙伴说:

教学评价:

团体任务7:梁悬挑端钢筋构造

队伍名		项目成员	

　　3人一组在项目职业工作中互相支持、互相配合,顺全大局,明确工作任务和共同目标。精心组织,严格把关,顾全大局,不为自身和小团体的利益而降低对工程质量的要求;严格执行建筑领域法律法规、行业标准,树立法纪意识、规则意识、标准意识。在工作中平等坦诚,互相学习,积极主动协同成员共同完成项目任务。

　　根据任务码给出的图纸信息,小组协作,分工完成任务钢筋节点施工流程方案编制,排布图绘制,质量验收方案编制,并完成节点施工绑扎

梁的悬挑端配筋构造　　　　微课:施工方案编制　　　　微课:质量验收方案编制

微课:排布图绘制　　　　微课:梁的悬挑端钢筋
　　　　　　　　　　　　构造工具箱操作

分工任务(施工方案、排布图、质量验收方案其一):

想对项目伙伴说:

教学评价:

团体任务 8:抗震楼层框架梁钢筋构造

队伍名		项目成员	

    3 人一组在项目职业工作中互相支持、互相配合,顺全大局,明确工作任务和共同目标。精心组织,严格把关,顾全大局,不为自身和小团体的利益而降低对工程质量的要求;严格执行建筑领域法律法规、行业标准,树立法纪意识、规则意识、标准意识。在工作中平等坦诚,互相学习,积极主动协同成员共同完成项目任务。

    根据任务码给出的图纸信息,小组协作,分工完成任务钢筋节点施工流程方案编制,排布图绘制,质量验收方案编制,并完成节点施工绑扎

抗震楼层框架梁

微课:施工方案编制

微课:质量验收方案编制

微课:排布图绘制

微课:抗震楼层框架梁
工具箱操作

分工任务(施工方案、排布图、质量验收方案其一):

想对项目伙伴说:

教学评价:

团体任务 9:整体板钢筋构造

队伍名		项目成员	

　　3 人一组在项目职业工作中互相支持、互相配合,顺全大局,明确工作任务和共同目标。精心组织,严格把关,顾全大局,不为自身和小团体的利益而降低对工程质量的要求;严格执行建筑领域法律法规、行业标准,树立法纪意识、规则意识、标准意识。在工作中平等坦诚,互相学习,积极主动协同成员共同完成项目任务。

　　根据任务码给出的图纸信息,小组协作,分工完成任务钢筋节点施工流程方案编制,排布图绘制,质量验收方案编制,并完成节点施工绑扎

整体板构造

微课:施工方案编制

微课:质量验收
方案编制

微课:排布图绘制

微课:整体板构造
工具箱操作

分工任务(施工方案、排布图、质量验收方案其一):

想对项目伙伴说:

教学评价:

团体任务 10:DT 型楼梯钢筋构造

队伍名		项目成员	

　　3 人一组在项目职业工作中互相支持、互相配合,顺全大局,明确工作任务和共同目标。精心组织,严格把关,顾全大局,不为自身和小团体的利益而降低对工程质量的要求;严格执行建筑领域法律法规、行业标准,树立法纪意识、规则意识、标准意识。在工作中平等坦诚,互相学习,积极主动协同成员共同完成项目任务。

　　根据任务码给出的图纸信息,小组协作,分工完成任务钢筋节点施工流程方案编制,排布图绘制,质量验收方案编制,并完成节点施工绑扎

DT 型楼梯配筋构造

微课:施工方案编制

微课:质量验收方案编制

微课:排布图绘制

微课:DT 型楼梯钢筋构造
工具箱操作

分工任务(施工方案、排布图、质量验收方案其一):

想对项目伙伴说:

教学评价:

参考文献

[1] 中国建筑标准设计研究院.22G101—1 混凝土结构施工图平面整体表示方法制图规则和构造详图（现浇混凝土框架、剪力墙、梁、板）〔S〕.北京：中国标准出版社,2022.

[2] 中国建筑标准设计研究院.22G101—2 混凝土结构施工图平面整体表示方法制图规则和构造详图（现浇混凝土板式楼梯）〔S〕.北京：中国标准出版社,2022.

[3] 中国建筑标准设计研究院.22G101—3 混凝土结构施工图平面整体表示方法制图规则和构造详图（独立基础、条形基础、筏形基础、桩基础）〔S〕.北京：中国标准出版社,2022.

[4] 中国建筑标准设计研究院.18G901—1 混凝土结构施工图钢筋排布规则与构造详图（现浇混凝土框架、剪力墙、梁、板）〔S〕.北京：中国计划出版社,2018.

[5] 中国建筑标准设计研究院.18G901—2 混凝土结构施工图钢筋排布规则与构造详图（现浇混凝土板式楼梯）〔S〕.北京：中国计划出版社,2018.

[6] 中国建筑标准设计研究院.18G901—3 混凝土结构施工图钢筋排布规则与构造详图（独立基础、条形基础、筏形基础、桩基础）〔S〕.北京：中国计划出版社,2018.

[7] 中华人民共和国国家质量监督检验检疫总局,中国国家标准化管理委员会.GB 18306—2015 中国地震动参数区划图〔S〕.北京：中国标准出版社,2016.

[8] 中华人民共和国住房和城乡建设部.GB 50010—2010 混凝土结构设计规范（2015 年版）〔S〕.北京：中国建筑工业出版社,2011.

[9] 中华人民共和国住房和城乡建设部,中华人民共和国国家质量监督检验检疫总局.GB 50011—2010 建筑抗震设计规范（附条文说明）（2016 年版）〔S〕.北京：中国建筑工业出版社,2016.

[10] 彭波.平法钢筋识图算量基础教程〔M〕.3 版.北京：中国建筑工业出版社,2018.